RATGEBER NUTZTIERE

Silke Behling

# Ponys

53 Farbfotos
8 Zeichnungen

Ulmer

# Inhalt

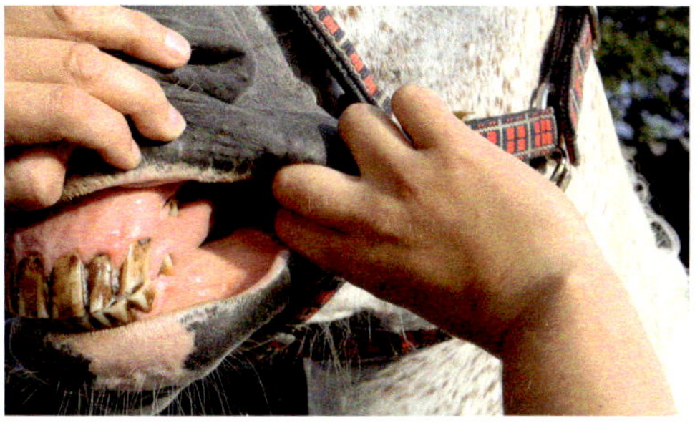

# Von der Natur der Ponys

Rechte Seite: So leben Ponys gerne: Draußen im Grünen wie dieses New Forest Pony. Die Herde ist sicher nicht weit.

Vorläufer oder naher Verwandter unserer Pferde und Ponys waren das etwa 20 cm großen Hyracotherium, das vor 60 bis 45 Millionen Jahren auf der Erde lebte. Es gehört zu den ältesten, bekannten Unpaarhufern. Der erste Vertreter der Pferde war Pliolophus, ein Tier, das Hyracotherium ähnelte. Aus den kleinen Pferde-Urahnen mit mehreren Zehen wurden im Laufe der Entwicklung immer größere Pferde oder Ponys, deren Zehen sich immer weiter zurückbildeten, je weiter sie sich von der Buschlandschaft in die Steppe bewegten. Die Steppenbewohner gewannen auch an Körpergröße, die später durch gezielte Zuchtauswahl bis zu den Größen der heutigen Warmblutpferde oder gar der Shire Horses anstieg.

Der ursprüngliche natürliche Lebensraum unserer Pferde und Ponys ist also die große, weite Steppe, daher auch der Ausdruck Steppentiere für die dort lebenden, meist wandernden Herden von Grasfressern. Deshalb brauchen Ponys, auch wenn sie in unserer Obhut leben, viel Bewegung. Den ganzen Tag in einer geschlossenen Box zu stehen und keine Gelegenheit zu bekommen, frei zu laufen, ist für Ponys nicht natürlich. Sie brauchen Platz und die Möglichkeit, sich zu bewegen. Auf der Weide oder einem Auslauf, auch Paddock genannt, fühlen sich Ponys deshalb ausgesprochen wohl, am liebsten in Gesellschaft anderer Ponys. Es muss nicht immer eine große Herde mit vielen anderen Vierbeinern sein. Manche Ponys fühlen sich viel wohler, wenn nur ein einziger Artgenosse bei ihnen ist. Meist sind die Ausläufe, die wir den Ponys zur Verfügung stellen können, sind für eine ganze Ponygruppe häufig nicht groß genug, dann ist es sinnvoller, nur ein oder zwei Ponys in einem begrenzten Auslauf zu halten. Mehr zum diesem Thema finden Sie im Kapitel Haltung.

## Immer hungrig

Als Steppentiere waren frei lebende Ponys ursprünglich fast den ganzen Tag damit beschäftigt, sich Futter zu suchen, so wie es die wenigen, noch verbliebenen echten Wildpferde wie die Przewalskis und auch die Dülmener Wildpferde im Merfelder Bruch immer noch tun.

Das heißt, sie fressen tatsächlich fast den ganzen Tag. Auch das Verdauungssystem unserer domestizierten Ponys ist bis heute auf die regel-

mäßige Futteraufnahme ausgerichtet, sodass sie mehrmals täglich gefüttert werden müssen. Am besten ist es deshalb, wenn sie möglichst immer etwas zu knabbern haben; dies kann Gras auf einer Wiese sein oder auch Heu und Stroh in ihrer Box. Hauptsache es ist immer etwas zu kauen da, denn lange Futterpausen sind für Ponys extrem ungesund.

Ideal ist es, wenn Ponys auf einer Koppel laufen dürfen und dort, wann immer sie möchten, Gras fressen können. Nun ist es aber so, dass auf vielen unserer Koppeln heutzutage eine Menge an Grassorten stehen, die vor allem für die leichtfuttrigen – so bezeichnet man Pferde und Ponys, die wenig Futter zur Grundversorgung benötigen – Ponys viel zu viele Nährstoffe enthalten. Sollten sie dort den ganzen Tag über fressen, bekommen sie einfach zu viel an bestimmten Nährstoffen. Folgen können Koliken oder Hufrehe sein (siehe S. 68). Daher lässt man die meisten Ponys nur eine gewisse Zeit auf der Weide grasen. Dennoch ist bei der Fütterung immer zu beachten, dass sind ihr Magen und Darm darauf angewiesen ist, regelmäßig etwas zu fressen beziehungsweise zum Verdauen zu bekommen, lange Hungerpausen sind ungesund. Mehr zum Thema finden Sie im Kapitel Fütterung.

## Im Notfall Flucht

Ponys sind sogenannte Fluchttiere, das heißt, bei Gefahr sie fliehen sie. Schließlich haben sie keine Hörner oder Reißzähne, mit denen sie sich gegen ihre natürlichen Feinde verteidigen könnten. Doch ganz wehrlos sind auch Ponys nicht: Mit ihren Hufen können sie im Notfall durchaus zutreten! Doch natürlicherweise Ponys weichen einer Gefahr eher aus, sei es durch einen beherzten Sprung zur Seite oder einen kurzen Sprint. Mit wachen Augen beobachten sie ihre Umgebung, bereit sofort zu reagieren. Diese Fluchtbereitschaft macht den Umgang mit Ponys manchmal etwas schwierig, weil wir Menschen nicht immer mit ihren schnellen Reaktionen rechnen.

Man geht beispielsweise mit seinem Pony die gleiche Strecke wie immer von der Weide zum Stall zurück und plötzlich hüpft es aufgeregt zur Seite, reißt die Augen auf und schnaubt beunruhigt. Was ist passiert? Auf dem Holzstapel am Wegesrand liegt seit gestern eine Plastikplane! Solche Dinge bemerken wir oft überhaupt nicht, aber Ponys achten ganz besonders auf Veränderungen in ihrer vertrauten Umgebung.

**Tipp**

Mit etwas Training gewöhnen sich die meisten Ponys schnell an neue Gegenstände und erschrecken nicht mehr so schnell, wenn ihnen diese unterwegs beim Ausritt begegnen.

Wenn ein Pony scheut, so ist es nicht ungehorsam, sondern es reagiert ganz natürlich, indem es bei plötzlichen Veränderungen sicherheitshalber

ausweicht. In solchen Momenten darf man nicht mit seinem Pony schimpfen, sondern sollte sich überlegen: War am Weg etwas anders als sonst, hat es sich das Pony vielleicht vor etwas Neuem erschreckt? Dann hilft nur eines, und zwar ganz ruhig auf den unbekannten Gegenstand zuzugehen und das Pony gucken lassen. In den meisten Fällen beruhigt es sich sehr schnell wieder.

Flucht ist die Hauptüberlebensstrategie der Pferde.

Man kann mit Ponys üben, sich nicht so schnell zu erschrecken. Sie können lernen, dass es Dinge gibt, die für sie vielleicht ungewöhnlich, aber trotzdem ungefährlich sind. Am besten geht man dafür auf einen eingezäunten Reitplatz. Dort kann man verschiedene, für das Pony ungewöhnliche Dinge hinlegen: Autoreifen, Plastikplanen oder flatternde Absperrbänder. Diese zeigt man dann dem Pony mit Ruhe und Geduld, indem man es hinführt und diese Dinge inspizieren lässt. Kleine Leckerbissen dabei oder ein Eimer mit etwas Lieblingsfutter auf der bisher gefürchteten Plastikplane fördern das Vertrauen und sind als „Bestechung“ erlaubt.

## In der Herde

In der Gemeinschaft einer Herde leben und fühlen sich Ponys sicher, es ist ihre natürliche Lebensform. In einer Gruppe ist immer einer, der aufpasst und ein Feind wird viel schneller erkannt – dies ist lebenswichtig für

Gemeinsam grasen die Huzule Ponys – für sie gibt es nichts Schöneres.

Rechte Seite: Eine Gruppe Dülmener Wildpferde, von der Stute geführt. Diese Pferde leben noch sehr ursprünglich.

Fluchttiere. So braucht ein Einzeltier nicht ständig nach Feinden Ausschau zu halten, sondern es reicht, wenn ein oder zwei Kollegen „Wache schieben“. Beobachtet man eine Herde grasender Ponys über längere Zeit, sieht man, dass immer wieder eines der Tiere den Kopf hebt und sich umsieht, es „sichert“. Dieses Pony schaut, ob alles in Ordnung ist oder von irgendwoher Gefahr droht. Da bei einer größeren Gruppe immer wieder einer schaut, kann das einzelne Pony viel ruhiger fressen. Die Gemeinschaft gibt also Sicherheit für die Einzelnen.

Wenn Ponys schlafen, ist dies ganz ähnlich: Nicht die ganze Herde legt sich hin und schläft, sondern ein oder zwei Ponys bleiben stehen und halten Wache. Ponys legen sich übrigens nicht immer hin, wenn sie sich ausruhen wollen. Kürzere Zeiten zum Dösen nutzen sie auch im Stehen. Man sieht dann, dass das Pony den Kopf und den Hals gesenkt hält, die Ohren zur Seite stehen und die Augen geschlossen sind. Meist hat es dabei ein Hinterbein angewinkelt, das Gewicht zur Entspannung auf die anderen drei Beine verteilt.

## Die Rangordnung

In einer Herde muss geregelt sein, wer in der Gemeinschaft das Sagen hat, damit sie zur Sicherheit aller funktionieren kann. So geht es in einer Ponyherde nicht immer friedlich zu. Es gibt eine Rangordnung, in der genau festgelegt ist, wer an den besten Futterstellen fressen oder wer zuerst trinken darf. In der freien Natur umfasst eine Ponyherde meist nicht mehr als fünf bis acht Tiere. Die Leitstute bestimmt den Weg der Herde und kennt die besten Futterplätze. Der Hengst, es gibt nur einen erwachsenen Hengst in einer Herde, verteidigt diese bei Gefahr und läuft deshalb meist am Ende einer Pferdegruppe.

Auch wenn bei uns Stuten und Hengste meist nicht mehr in einer Herde zusammenleben, gibt es in jeder Gruppe von Pferden eine Rangordnung. Tatsächlich sind es auch hier in vielen Fällen ältere Stuten, die das Sagen haben. Natürlich geht es dann nicht darum, den besten Weg durch die Steppe zu suchen, aber die ranghöheren Ponys können trotzdem an den besten Stellen fressen, kommen zuerst an das Heu und sind allgemein innerhalb der Gruppe geachtet.

Es gibt auch Herden, in denen man ganz bewusst nur Stuten oder nur Wallache zusammen hält, um Rivalitäten auszuschließen. Es kann dann unter den Wallachen keinen Streit darüber geben, wer mit welcher Stute befreundet ist.

stand bei 8 bis 16 Atemzügen in der Minute und kann bei Belastung bis auf 100 Atemzüge ansteigen. Beim Fohlen liegt die Atmung bei etwa 24 bis 30 Atemzügen. Die Körpertemperatur eines Ponys im Ruhezustand beträgt etwa 37,5 bis 38,2 Grad Celsius und kann sich bei Belastung bis auf 41 Grad Celsius erhöhen. Beim Fohlen liegt die Körpertemperatur bei etwa 37,5 bis 38,5 Grad Celsius.

Die PAT-Werte werden überprüft, um den Gesundheitszustand oder den Grad der Erschöpfung eines Pferdes bei Prüfungen zu kontrollieren. Bei Distanzritten werden sie vor dem Start, während des Rittes sowie nach Ablauf einer vorgeschriebenen Zeit nach dem Ritt festgehalten.

## Ponyfarben

Man unterscheidet insgesamt neun verschiedene Farben bei Ponys und Pferden. Braune haben ein braunes Fell und schwarzes Langhaar (Mähne und Schweif), während bei Füchsen das Fell rotbraun ist und Mähne und Schweif die gleiche Farbe haben. Das Fell kann sowohl bei Braunen als auch bei Füchsen eher hell oder eher dunkel sein – dann nennt man sie Hellbrauner, Dunkelbrauner, Hellfuchs oder Dunkelfuchs.

Gelb-graue Ponys sind Falben, man erkennt sie am schwarzen Langhaar, den schwarzen Beinen und dem dunklen Aalstrich auf dem Rücken. Eher golden oder rötlich bis gelb sind die Isabellen, für die auch das helle Langhaar charakteristisch ist. Schimmel sind dagegen weiß, werden aber dunkel geboren und können auch noch graue, braune oder rötliche Schattierungen aufweisen. Schimmel, die viele kleine, braune Pünktchen auf dem Körperfell tragen, nennt man Fliegenschimmel, solche mit vielen schwarzen Einzelhaaren heißen Rappschimmel. Dagegen gehören Ponys, die ganz weiß geboren werden und überhaupt keinerlei Farbpigmente besitzen, zu den Albinos, die sehr selten sind.

Ponys, deren Fell vollständig schwarz ist, nennt man Rappen. Ist das Pferd weiß und hat rundliche Flecken, so wie Pipi Langstrumpfs Pferd „Kleiner Onkel", wird es als Tiger bezeichnet (Foto Seite 89). Schecken sind dagegen Pferde mit großen Flecken, so wie viele Kühe sie haben. Die Flecken können hell- oder dunkelbraun, aber auch schwarz sein. Bei vielen Ponyrassen kommen Schecken häufig vor, sie sind hier deutlich erwünschter als beispielsweise bei Warmblutpferden. Bei den Schecken unterscheidet man zwischen Tobianos und Overos. Beim Tobiano gehen die weißen Flecken über den Rücken, sie sind regelmäßig und recht groß. Der Rücken und die Beine sind meistens weiß. Beim Overo hingegen reicht selten eine Zeichnung bis über den Rücken. In der Regel beginnt sie am Bauch und geht von dort aufwärts. Die Zeichnung der Flecken ist eher unregelmäßig und sieht aus wie gezackt. Typisch für Overos ist eine Laterne – ein fast weißer Kopf.

Dieser Isländer ist ein Tobiano-Schecke.

## Abzeichen

Pferde und Ponys unterscheidet man nicht nur an den Farben, sondern auch durch die verschiedensten Abzeichen. Darunter versteht man weißes Haar am Kopf und an den Beinen. Ganz wenige weiße Haare oben an der Stirn nennt man Stirnhaare. Sind es dagegen schon ein paar weiße Haare mehr, bezeichnet man dies als Flocke. Einen weißen Fleck nennt der Reiter Stern und weiße Haare von der Stirn nach unten auf den Nasenrücken laufend, einen Keilstern. Der Strich ist eine dünne weiße Linie auf dem Nasenrücken, ein längerer, schmaler Strich mit weißen Haaren von der Stirn bis zu den Nüstern eine Schnurblesse. Einen längeren, breiteren Strich mit weißen Haaren von der Stirn bis zu den Nüstern nennt man dann Blesse und weiße Haare zwischen den Nüstern Schnippe. Ein weißer Kopf, bei dem die weißen Haare eventuell bis über die Augen gehen, heißt sinnigerweise Laterne. Die Abzeichen an den Beinen werden danach benannt, wie weit sie am Bein nach oben reichen und ob sie regelmäßig oder unregelmäßig verlaufen. So können die Vorderballen weiß sein, aber auch die Vorderkrone oder die Vorderfessel. Ebenso unterscheidet man, ob der Vorderfuß nur zur Hälfte oder aber insgesamt weiß ist. Die gleichen Bezeichnungen gelten natürlich auch für die Hinterbeine.

In den Papieren eines Ponys werden alle Abzeichen sorgfältig eingetragen, um das Pferd im Detail zu beschreiben. Weiße Stellen in der Sattellage, wie sie durch Satteldruck entstehen können, gehören an sich nicht zu den Abzeichen, werden aber ebenfalls im Equidenpass (siehe Seite 27) eingetragen.

▲

## Haflinger

Haflinger stammen aus Südtirol, einem Ort namens Hafling. Obwohl die Zuchtverbände heute nur noch Haflinger als Reinzuchthaflinger eintragen, die keinen oder nur einen geringen Anteil Araber in sich tragen, waren diese wesentlich an der Entstehung der Rasse beteiligt: Der Urvater der Haflinger war der Halbaraber El'bedavi.
Die ursprünglich als Trag- und Arbeitspferde im Gebirge eingesetzten Haflinger waren kräftiger als unsere heutigen sportlichen Ponys, aber extrem leistungsfähig und genügsam waren und sind sie alle. Die hübschen Haflinger tragen in der Regel auch mühelos einen erwachsenen Reiter und sind somit ideale Pferde für die ganze Familie – zumal sie auch Talent für fast alle Disziplinen mitbringen: Haflinger sind erfolgreich im Fahrsport, in kleineren Dressur- und Springprüfungen und in den Westernreitdisziplinen. Dank ihres unbändigen Arbeitswillens gibt es auch Haflinger, die sogar im Distanzsport anzutreffen sind.

| | |
|---|---|
| **Stockmaß** | 135–145 cm |
| **Farbe** | Fuchs mit heller Mähne |
| **Herkunft** | Südtirol |

## Norweger

Norweger – auch Fjordpferde genannt – stammen aus dem Westen Norwegens. Typisch für sie ist die schwarz-weiße Mähne, die rassetypisch oft zur Stehmähne gestutzt wird. Fjordpferde sind in ihrem Aussehen sehr ursprünglich und tragen noch heute häufig die typischen Zebrastreifen an den Beinen. Auf dem Rücken haben viele von ihnen den sogenannten Aalstrich, einen langen Streifen aus dunklerem Haar, der genau über der Wirbelsäule verläuft. Die modernen Fjordpferde haben sich immer weiter in Richtung sportliches Reitpferd entwickelt und können heute durchaus mit anderen Ponyrassen konkurrieren. Allen Norwegern ist gemeinsam, dass sie eher kräftig sind, sodass sie auch schwerere Reiter meist problemlos tragen. Sie eignen sich für den Fahr- ebenso wie für den Reitsport. Hier zeigen sie vor allem Talent für die Western Pleasure und den Freizeitbereich. Wer einen zuverlässigen Freund für Feld und Wald sucht, findet ihn häufig unter den Norwegern.

| | |
|---|---|
| **Stockmaß** | 138–148 cm |
| **Farbe** | Falben |
| **Herkunft** | Norwegen |

▼

## Huzule

Huzulen waren bis zum Ersten Weltkrieg in Österreich recht häufig, dort wurden sie allerdings vom beliebten Haflinger verdrängt. In Österreich setzte man die robusten und kräftigen Ponys unter anderem für Tragearbeiten ein. Ihren Namen haben diese Pferde von einem polnischen Landstrich namens Huzulei. Man sagt, dass sie wahrscheinlich vom russischen Tarpan abstammten, von dem sie sicherlich Robustheit und Genügsamkeit geerbt haben. Gezüchtet werden sie aber auch in der Slowakei, in Tschechien und Rumänien, wo sie für ihre Genügsamkeit und Kraft bekannt sind. Ein Huzule soll ohne weiteres eine 200 kg schwere Jagdbeute nach Hause tragen können. Auf Grund dieser Tragefähigkeit sind sie als Reitpferde sowohl für Kinder als auch für Erwachsene geeignet.

| | |
|---|---|
| **Stockmaß** | 135–148 cm |
| **Farbe** | überwiegend Braune und Falben, selten Rappen, Füchse, Schimmel oder Schecken |
| **Herkunft** | Polen |

## Isländer

Islandpferde erlebten im vergangenen Jahrhundert bei uns einen regelrechten Boom in der Freizeitreiterszene erlebt: Die kleinen, aber temperamentvollen Ponys haben Scharen von Kindern und Erwachsenen begeistert und tun es immer noch! Das Besondere an ihnen sind ihre zusätzlichen Gangarten – Tölt und Rennpass. Der Tölt ist eine Gangart im Viertakt, wie der Schritt, bei dem ebenfalls jedes Bein einzeln gesetzt wird. Beim Rennpass bewegen sich die äußeren Beinpaare gleichzeitig, das Tempo kann so schnell sein wie beim Galopp. Die kräftigen Isländer eignen sich für Kinder und Erwachsene. Problematisch kann ihre Neigung zu Sommerekzemen sein, die vor allem importierte Islandpferde zeigen. Die robust gehaltenen Isländer trieben in Deutschland die Schaffung von Offenställen auf ihre Art voran: waren es zunächst vor allem sie, die artgerecht gehalten wurden. Nach und nach gingen immer mehr andere Pferde- und Ponyhalter dazu über, ihre Tiere in Gruppenauslaufhaltung zu geben.

| | |
|---|---|
| **Stockmaß** | 130–145 cm |
| **Farbe** | alle Farben |
| **Herkunft** | Island |

# Ponykauf

Rechte Seite: Welsh Ponys der verschiedenen Typen können pferdebegeisterte Mütter und ihre Töchter glücklich machen.

Das eigene Pony ist der Traum vieler kleiner und großer Reiter. Und natürlich ist das eigene Pony ein echtes Traumpferd: Es ist wunderschön, superlieb und perfekt ausgebildet. Und weil man es so sehr liebt, macht es auch alles wie von selbst ...

Doch die Wirklichkeit sieht meistens ein wenig anders aus: Als erstes muss man natürlich ein Pony finden, welches gut zu einem passt: von der Größe, vom Temperament und, nicht zu vergessen, von den eigenen reiterlichen Fähigkeiten. Und schön muss es natürlich auch sein! Dabei hat ja jeder seine eigenen Vorstellungen. Für den einen muss es das kleine, bunte Temperamentsbündel sein, der andere träumt von einem lackschwarzen, schlanken Dressurpferd.

Das eigene Pony erwirbt man natürlich nicht nur nach der Wunschrasse oder Farbe. Ungemein wichtig sind der Ausbildungsstand des Pferdes und der des Reiters. Ein unerfahrenes Pony auszubilden, das ist wirklich nur etwas für erfahrene Reiter. Und selbst reiten lernen kann man nur mit einem Pony, das schon weiß, was es wie machen soll. Schließlich muss ja einer der beiden – ob Reiter oder Pferd – wissen, wie die Reiterhilfen zu geben sind und wie sie wirken!

Zum Kauf des passenden Ponys gehört, dass man seine eigenen Reitkünste realistisch einschätzt. Was nützt mir ein dreijähriger Reitponyhengst, wenn ich bisher mit Nachbars älterem Shetlandpony durch die Wiesen und Felder geritten bin?

Mag die Meinung eines Fachmannes auch manchmal unangenehm sein, weil man sich selbst für viel besser gehalten hat, als der Reitlehrer nun meint – letztendlich sollte man sich lieber vorher sagen lassen, mit welchem Pony man sicher zurechtkommen wird. Solch eine Beratung

**Tipp**

Idealerweise probiert man zuvor das Pferd seiner Träume übrigens nicht nur einmal, sondern mehrmals aus. Vielleicht läuft es beim zweiten Mal gar nicht so gut, wie man es in Erinnerung hatte? Natürlich sollte man alles, was man sich von seinem Pony erhofft, gründlich ausprobieren: Möchte ich ein Geländepferd erwerben, muss ich es auch im Gelände testen und nicht nur in der Reitbahn. Ein Springpferd muss ich mehrmals Probe springen.

> **Tipp**
>
> Nicht immer fällt es leicht, die eigenen Fähigkeiten richtig einzuschätzen. Deshalb sollte man bei der Entscheidung, welches Pony für einen selbst in Frage kommt, auf alle Fälle seine Reitlehrerin oder seinen Reitlehrer um Rat fragen.

kann helfen, nicht ein Pony zu erwerben, das einem über alles gefällt, aber dem man überhaupt nicht gewachsen ist!

Neben den reiterlichen Fähigkeiten und den Wünschen, die man vielleicht an die eigene Turnierkarriere hat, spielen auch Alter, Körpergröße und Gewicht des Reiters eine entscheidende Rolle.

Nicht zuletzt müssen Pony und Reiter vom Temperament her zusammenpassen. Es wird nämlich durchaus kein traumhafter Ausritt, wenn ein ungestümes Pony mit einem ängstlichen Reiter zusammen unterwegs sind!

## Zeit, Geld und was sonst noch nötig ist

Das richtige Pony zu finden, das ist die eine Seite, Zeit und Geld sind die beiden anderen wichtigen Faktoren bei dem Unternehmen Ponyhaltung. Zunächst einmal braucht man für das eigene Pony viel Zeit. Da ist es etwas ganz anderes, nur ein- oder zweimal die Woche ein Schulpferd zu reiten. Das eigene Pony muss regelmäßig versorgt und bewegt werden. Es muss auf die Koppel gebracht, longiert und natürlich geritten werden – und dies möglichst jeden Tag. Vielleicht hat man es sogar mehrmals täglich selber zu füttern oder seine Box sauber zu machen – natürlich auch mindestens einmal Tag. Außerdem muss es regelmäßig vom Tierarzt geimpft, vom Schmied beschlagen werden und vieles mehr – auch dies kostet Zeit und Geld!

Für das eigene Pony sollte man daher mindestens zwei bis drei Stunden am Tag einrechnen. Ganz egal, ob es regnet, hagelt, die beste Freundin Geburtstag hat oder man in den Urlaub fahren möchte, das Pony muss versorgt werden. Und an Tagen, an denen es sich vielleicht verletzt hat und betreut werden muss oder an denen man darauf wartet, beim Hufschmied hoffentlich bald an die Reihe zu kommen, braucht man ganz schnell noch viel mehr Zeit.

Ponys kosten auch Geld. Da ist als erstes die Anschaffung selbst. Man zahlt leicht einige Tausend Euro, wobei die Preise natürlich nach Rasse und Ausbildungsstand variieren. Bei einem schlecht oder bisher nur wenig ausgebildeten Pony muss man später eventuell noch viel Geld in die Ausbildung investieren.

Für die persönliche Wunschrasse zahlt man außerdem auch schnell ein paar Euro mehr. Aber das ist wahrscheinlich besser, als beim erstbesten Schnäppchen zuzugreifen und anschließend ein Pony zu besitzen, das nichts von dem kann oder hat, was man ursprünglich wollte!

Ponys können auch außergewöhnliche Turnierpferde sein, vorausgesetzt der Reiter ist nicht zu groß.

Islandpferd im Tölt, ein Traum für manchen zukünftigen Ponybesitzer.

Wer zum Beispiel von einem Isländer mit einem traumhaften, schnellen Tölt träumt, bekommt vielleicht bereits für etwas weniger Geld einen Isländer, der überhaupt nicht tölten kann. Mit einem solchen Pferd wird man aber später sicher immer ein klein wenig unzufrieden oder gar unglücklich sein. Deshalb sollte man sich besser vorher ganz genau überlegen, was man sich vom eigenen Pony erhofft und dann lieber nach einem suchen, welches dann in allen Belangen auch soweit wie möglich dem entspricht, was man sich vorgestellt hat und das wirklich zu einem selbst passt.

Zu jeder Art des Pferdesports gehört das richtige und passende Zubehör. Diese Anschaffung lohnt sich in jedem Fall.

## Das Zubehör

Mit der Anschaffung eines Ponys ist es nicht getan. Zusätzlich braucht man noch die gesamte Ausrüstung – Sattel und Trense sind dabei nur zwei Einzelteile! Für die Ausrüstung kann man ohne weiteres 500 bis 1 500 Euro zahlen, je nachdem, ob man einen gebrauchten, passenden Sattel bekommt oder lieber einen neuen Sattel kaufen möchte. Ein exakt passender Sattel ist besonders wichtig, andernfalls drohen dem Pferd Rückenschmerzen oder Satteldruck. Am besten lässt man einen Sattel beim Sattler genau für das eigene Pony anpassen. Auf professionelle Hilfe sollte man auch nicht verzichten, wenn man einen gebrauchten Sattel kaufen möchte. Damit geht man auf Nummer sicher, dass auch dieser Sattel

## Welsh B

Welsh Ponys der Sektion B gibt es im Reit- und Showtyp. Sie werden in der Regel auf Rittigkeit gezüchtet. Dennoch sind Welsh Ponys immer temperamentvolle, leistungsbereite Ponys. Als reine Anfänger- und Kinderponys sind sie schnell unterfordert. Etwas fortgeschrittenere Kinder haben mit ihnen aber tolle großartige Turnierponys. Auch Welsh B-Ponys sehen oft aus wie kleine Araber – stehen diesen aber im Temperament nicht immer nach. Welsh B-Ponys sind, ebenso wie alle anderen Welsh Ponys, ideale Fahrpferde, und durchaus auch im Turnier- und Leistungssport zu finden. Ihr Arbeitswille lässt sie für ihre Größe beachtliche Leistungen bringen.

| | |
|---|---|
| **Stockmaß** | bis 137 cm |
| **Farbe** | alle Farben, oft Schimmel, keine Schecken |
| **Herkunft** | Wales |

▼

▲

## Welsh A

Welsh Ponys der Sektion A werden auch Welsh Mountain Ponys genannt. Die zierlichen, hübschen Pferdchen wirken oft wie Miniatur-Araber. Sie dürfen standardgemäß aber nur bis 127 cm groß sein. Zu groß gewordene Welsh Mountain Ponys können auch als Welsh Ponys eingetragen werden. Das Welsh Mountain Pony war ursprünglich das Pack- und Reitpferd der keltischen Hirten und wurde später auch in Kohlebergwerken zur Arbeit eingesetzt. Die Ponys waren zu jener Zeit eher kräftiger und noch heute gibt es zwei unterschiedliche Typen: den „arabischen“ und den „Cob“-Typ. Welsh Mountain Ponys sind heute beliebte Kinderponys, die sich durch ein hervorragendes Springvermögen auszeichnen. Aber auch als Fahrpferde für Erwachsene machen sie ein gutes Bild.

| | |
|---|---|
| **Stockmaß** | bis 127 cm |
| **Farbe** | alle Farben, keine Schecken, häufig Schimmel |
| **Herkunft** | Wales |

▲

## Welsh C

Das Welsh Pony im Cob-Typ (Sektion C) ist eine Miniaturausgabe des Welsh Cob. Entstanden sind Welsh C-Ponys durch die Kreuzung von kleineren Welsh Ponys mit den kräftigen Welsh Cobs. Früher wurden sie eher als Pack- und Fahrpferd genutzt, heute werden die Ponys ebenfalls als Kinderreitpferde eingesetzt. Welsh C sind kräftigere Ponys als ihre kleinen Verwandten, man sieht ihnen ihre Vergangheit als Packpferde manchmal durchaus noch an. Sie eignen sich deshalb auch für etwas größere und kräftigere Kinder und natürlich ebenfalls zum Fahren. Im Turniersport sieht man immer wieder erfolgreiche Welsh C-Gespanne.

| | |
|---|---|
| **Stockmaß** | bis 137 cm |
| **Farbe** | alle Farben, häufig Schimmel, keine Schecken |
| **Herkunft** | Wales |

## Welsh Cob

Mit dem Namen „Cob" werden in England Pferde bezeichnet, die etwas größer sind als Ponys, aber kleiner als Großpferde bleiben. In Deutschland nannte man solche Pferde früher Doppelpony. Welsh Cobs werden seit etwa 800 Jahren gezüchtet. Sie sind die ideale Mischung aus kräftigem Arbeitspferd und edlem Welsh Pony. Das macht sie zu großartigen Familien- und Freizeitpferden: Ein Welsh Cob macht sich sehr gut unter dem Sattel und er lässt sich ebenso gut anspannen. Im Trab hat der Welsh Cob eine deutliche „Knieaktion", damit eignet er sich weniger für Dressurprüfungen in den höheren Stufen, aber der Fahrkarriere – bis in die Ebene des internationalen Sports – steht ihm nichts im Weg und auch springen können viele. Welsh Cobs zeichnen sich aus durch ein hübsches Gesicht, einen starken Rücken und eine kräftigen, breite Kruppe. Sie können meist auch problemlos einen schweren Reiter tragen.

| | |
|---|---|
| **Stockmaß** | 144–155 cm |
| **Farbe** | alle, außer Schecken |
| **Herkunft** | Wales |

▼

# Haltung

Rechte Seite: Wichtig für ein gesundes, langes Leben eines Ponys ist, dass es bereits als Fohlen artgerecht gehalten wurde.

Es gibt drei verschiedene Haltungsformen: die Box, den Laufstall und die Gruppenauslaufhaltung. Jede hat Vor- und Nachteile und man sollte für sein Pony immer die bestmögliche Lösung suchen.

## Ponys sind keine Kuscheltiere

Der Kauf eines Ponys sollte selbstverständlich immer gut überlegt sein. Ein Pony, das nur als Freund für die Kinder angeschafft wird, steht sonst vielleicht ganz schnell unbeschäftigt herum. Oder es wird den Kindern zu klein, was passiert dann? Überlegen Sie sich, ob Sie mit dem Pony dann vielleicht fahren möchten oder wie Sie es weiterhin artgerecht beschäftigen können.

Weiter sollten Sie sich Gedanken über die Unterbringung des neuen Hausgenossen machen. Ein Pony gehört nicht in den Garten und vor allem nicht an einen Platz ohne Artgenossen!

## Box

Eine Pferdebox muss groß genug sein, damit sich das Pony hinlegen und umdrehen kann. Als Faustregel gilt dabei folgende Formel: $(2 \times \text{Widerristhöhe})^2$. Natürlich muss auch ein Pony die Möglichkeit zum Kontakt mit Artgenossen haben. Deshalb sollten Boxen nicht bis oben hin zugemauert sein, viel besser sind oben offene Boxen oder notfalls auch mit Gitterstäben versehene – wenn es ansonsten beispielsweise Streit gäbe und die Ponys zu ihren Nachbarn hinüber schnappen würden. Ist eine Box zur Abtrennung mit Gitterstäben ausgestattet, so müssen sie quer angebracht sein und so eng zusammenstehen, dass keinesfalls ein Huf durchpasst und stecken bleiben könnte.

Wichtig ist auch, dass der Rahmen einer Boxentür nicht zu niedrig ist, sonst kann sich ein Pony, dass beispielsweise vor Schreck den Kopf hochreißt, verletzen. Man geht davon aus, dass eine Tür für ein Großpferd etwa 2,50 Meter hoch sein muss. Für ein Pony reichen dagegen zwei Meter.

Selbstverständlich muss der Boxenboden gleichmäßig und rutschfest sein, sodass die Vierbeiner weder beim Hinein- und Hinausgehen noch beim Hinlegen ausrutschen oder gar stürzen könnten.

**Achtung!**

Gefräßige Ponys können von zu viel Stroh eine Verstopfungskolik bekommen!

In einer Box ist in der Regel eine Selbsttränke angebracht. Sie sollte sich möglichst nicht direkt neben dem Futtertrog befinden, damit die Ponys ihr Kraftfutter nicht mit Wasser einweichen, sondern gezwungen sind, selbst genügend Speichel zu produzieren. Damit verhindert man in den meisten Fällen, dass das Pony sein Futter zu trocken herunterwürgt und es zu einer Schlundverstopfung kommt.

> **Hinweis**
>
> Auch Ponys, die in sogenannten Paddockboxen stehen, bei denen jede Box also noch über einen eigenen, kleinen Freiplatz verfügt, brauchen zusätzlichen Auslauf. Paddockboxen ermöglichen den Pferden etwas mehr Bewegung, mehr Licht und Luft, aber als alleiniger Auslauf sind sie zu klein.

Ein Vorteil der Box ist sicherlich, dass man jedes Pony individuell füttern kann: Es kann in Ruhe sein Kraftfutter fressen und es ist problemlos möglich, ihm so viel Heu zu geben, wie es benötigt.

Die Nachteile der Boxenhaltung sind der geringere Sozialkontakt zwischen den einzelnen Ponys sowie die stark eingeschränkte Bewegungsmöglichkeit, die man selbstverständlich durch ausreichenden Koppelgang oder Auslauf in einem Paddock ausgleichen muss.

Eine Box sollte immer nur eine vorrübergehende Unterkunft sein. Es ist völlig legitim, sein Pony über Nacht in einer Box unterzubringen, sodass es in Ruhe fressen und ausruhen kann, aber dauerhaft sollte es nicht darin stehen müssen. Pferde sind Fluchttiere und sie brauchen regelmäßige Bewegung, sonst werden sie krank: Gerade Erkrankungen des Bewegungsapparates können eine direkte Folge der falschen Haltung sein.

Ein Pony, das ein oder zwei Stunden am Tag geritten wird, hat keinesfalls ausreichend Bewegung – es muss sich auch frei ohne Reiter mehrere Stunden in Gesellschaft anderer Pferde bewegen können.

In der Zeit, in der ein Pony in der Box steht, benötigt es natürlich einen geeigneten Untergrund: Naturboden ist eine Alternative, aber selten vorhanden, sodass man meist zu einer Einstreu greifen muss. Stroh ist sicherlich die am häufigsten gewählte Einstreu, denn es ist günstig, saugfähig und verrottet schnell. Außerdem kann es – je nach Sorte – auch zur Ergänzung der Raufuttermenge genutzt werden.

> **Für Boxen gelten folgende Mindestmaße**
>
> - Größe: $(2 \times \text{Widerristhöhe})^2$
> - Höhe Boxentrennwand: ca. 1,20 m
> - Höhe Boxenaußentüren: 1,4 × Widerristhöhe = ca. 2,00 m
> - Höhe untere Türhälfte bei halbierten Türen: 0,8 × Widerristhöhe = ca. 1,16 m
> - Breite von Durchgängen: ca. 1,00 m
> - Breite von Stallgängen: ca. 2,00 m

Besser als eine geschlossene ist in jedem Fall eine Paddockbox.

## Späne

Eine gute Alternative als Einstreu sind Späne, zwar in der Anschaffung etwas teurer, aber auch sparsamer im Verbrauch. Späne sind saugfähiger als Stroh, wodurch die Box wesentlich sauberer bleibt. Einen Nachteil haben sie aber auch: Sie verrotten weniger schnell als Stroh und werden deshalb nicht gern von manchen Landwirten zur Entsorgung angenommen.

Eine mit Spänen eingestreute Box lässt sich schnell säubern: Man entfernt den Mist und die nassen Stellen und muss nur alle paar Tage nachstreuen.

Wer Hobelspäne aus einer Schreinerei bekommen kann, sollte darauf achten, dass sie nicht staubig sind und sie nicht von giftigen Bäumen stammen. Im Zweifel ist man mit einem Sack Einstreu von einem der renommierten Hersteller besser bedient.

**Hinweis**

Späne sind einfacher zu lagern als Stroh. Allerdings darf man die Späne nicht nur in den Verpackungen geschützt lagern, weil die Verpackung leicht zerreißt und die Späne dann feucht und nutzlos werden.

## Leinstroh

Lein- oder Flachsstroh ist ebenfalls eine Alternative zur Stroh- oder Späneeinstreu. Flachs nimmt aufgrund seiner kleinen Poren Flüssigkeiten

**Hinweis**

Man kann Boxen oder Ausläufe auch mit Gummimatten auslegen. Diese Matten dürfen kein Urin aufsaugen und müssen regelmäßig hochgenommen und gereinigt werden. Sie helfen Einstreu zu sparen, sind aber auch schwer im Handling und nicht unbedingt preisgünstig.

nur langsam auf, besitzt aber ein hohe Saugfähigkeit. Ein weiterer Vorteil ist auch, dass es staubarm und daher sehr gut für Pferde, die unter Allergien leiden, geeignet ist.

## Laufstall

In einem Laufstall werden mehrere Pferde gemeinsam gehalten. Meist handelt es sich um ein größeres Gebäude, in dem die Tiere zusammen frei laufen können. Der Laufstall wird häufig bei der Aufzucht von Jungpferden eingesetzt. Um individuelle Futterrationen zu geben, müssen bei dieser Haltungsform alle Ponys einzeln angebunden werden. Sehr wichtig bei dieser Haltung ist es, die Größe des Stallgebäudes der Anzahl der Pferde anzupassen: Zu viele Pferde auf zu engem Raum haben häufiger Stress und verletzen einander schneller, da die rangniedrigen Pferde Schwierigkeiten haben, den ranghohen Pferden auszuweichen.

## Offenstall

Die Gruppenauslaufhaltung, die landläufig als Offenstallhaltung bezeichnet wird, besteht in der Praxis aus einem Laufstall mit integriertem Auslauf. Idealerweise sind die Fress- und Schlafplätze dabei getrennt. Dies ist sicher die artgerechteste Form der Ponyhaltung – allerdings mit ein paar Nachteilen: erschwerte Einzelfütterung und erhöhte Verletzungsgefahr.

**Hinweis**

Um das Risiko von Verletzungen bei Ponys in Offenstallhaltung möglichst gering zu halten, ist es äußerst wichtig, dass sie genügend Platz haben und möglichst auch vom Temperament her zusammenpassen.

Etwas ursprünglichere Ponyrassen vertragen sich meist besser mit Artgenossen als mit höher im Blut stehenden Ponys. Solche mit einem höheren Araberanteil benötigen mehr Bewegungsraum und rangeln dafür weniger mit Körperkontakt. Je weniger Platz die Ponys haben, desto deutlich treten solche Unterschiede hervor. Bei genügend großem Auslauf jedoch kann die gemeinsame Haltung völlig unterschiedlicher Ponys auch unproblematisch sein.

## Licht und Luft

Für welche Haltungsform man sich auch immer entscheidet: ausreichend Licht und Luft sind dabei äußerst wichtig! Ponys benötigen Licht, möglichst so viel wie sie auch draußen hätten. Ein Quadratmeter Fensterfläche pro Pony sollte mindestens vorhanden sein. Zusätzlich muss der Stall

Ideal: Die Haflingerstute hat eine große Weidehütte.

ausreichend belüftet sein. Daher geht man von einem angemessenen Luftraum von 28 bis 40 $m^2$ pro Pony aus. Die Luftfeuchtigkeit muss dabei zwischen 60 und 80 % liegen.

Ponys sind bezüglich der Kälte nicht besonders empfindlich, sodass die Temperatur im Stall etwa der Außentemperatur entsprechen sollte. Eine stetige Frischluftzufuhr muss daher in jedem Stall selbstverständlich sein. Zugluft hingegen macht krank. Man sollte also immer darauf achten, dass die Ponys nicht im Durchzug stehen, sonst können sich auch die kräftigsten erkälten.

Stickige Luft mit hoher Schadstoffbelastung schadet den Ponys erwiesenermaßen. Durch Pferdeäpfel und Urin entsteht im Stall das schädliche Gas Ammoniak. Um diese Beeinträchtigung der Luftqualität möglichst gering zu halten, muss die Einstreu so häufig wie möglich gesäubert oder gewechselt werden. Eine sogenannte Matratzenstreu, bei der man nur den frischen Kot entfernt, fängt schnell an zu müffeln.

**Hinweis**

Die früher übliche, sogenannte Ständerhaltung, bei der das Pferd angebunden in einem schmalen Abteil steht, ist heute in den meisten Bundesländern verboten. Sie ist aus Tierschutzgründen nicht zu vertreten.

fehlen. Kunststoffgitter mit breiter oberer Kante benötigen zum Teil keine Tretschicht mehr, sie werden nur mit Kies verfüllt. Achten Sie darauf, dass die Platten, die Sie verwenden wollen, nicht zu rutschig sind, wenn sie feucht werden. Sonst haben die Ponys bei nassem Wetter schlechten Halt mit den Hufen.

## Das Drumherum, Koppel und Weide

Natürlich muss nicht nur der Stall pferdegerecht sein, sondern auch die Stallgasse und die Putz- und Waschplätze. Eine Stallgasse sollte mindestens 2,50 Meter breit sein, wenn sie für eine Boxenreihe ausreichen soll. Liegt sie dagegen zwischen zwei Boxenreihen, muss sie mindestens drei Meter breit sein. Putz- und Waschplätze sollten auf jeden Fall eben und rutschfest angelegt werden und leicht zu säubern sein. Zweckmäßige Anbindevorrichtungen für die Ponys sind ebenso eine Selbstverständlichkeit.

Die Weide ist der natürliche Lebensraum für Pferde und Ponys. Daher benötigt man immer ausreichend Weideland, um Ponys artgerecht zu halten. Als Fausregel für die Größe der Weidefläche gelten 2 Hektar für zwei Pferde, doch diese Zahl ist meiner Erfahrung nach deutlich zu niedrig. 2 bis 3 ha Weidefläche pro Pferd sollten mindestens vorhanden sein – auch bei eher leichtfuttrigen, mittelgroßen Ponys.

**Hinweis**

Weide und Wiese sind zwei verschiedene Dinge: Die Wiese ist eine Grünlandfläche, die sich in der Regel nicht zur Beweidung eignet, eine Weide hingegen ist „beweidungsfähig“. Wichtige Kriterien dafür sind Lage, Bodenfeuchte, Trittfestigkeit und Bewuchs.

Koppeln dürfen nicht überweidet werden, da sonst die Grasnarbe leidet, die Futterqualität abnimmt und Giftpflanzen sich vermehren. Nach zwei bis drei Wochen Beweidung sollte eine Weide idealerweise zwei Monate ruhen können.

## Zaunbau

Ein wichtiges Thema, denn viele Ponys zeigen sich als wahre Ausbrecherkönige: Ich habe schon Ponys gesehen, die sich mit akrobatischem Geschick unter niedrigsten Elektrozäunen hindurchgerollt haben oder die Tore öffnen konnten.

Außerordentlich wichtig sind auch die Zäune an Paddocks und Koppeln. Sie sollten zwischen 1,20 und 2 m hoch sein, je nach dem, ob man nur Ponys oder Ponys gemeinsam mit Großpferden, beziehungsweise sogar Hengste hält. Aktuelle Höhenangaben kann man auch bei seiner Haftpflichtversicherung erfragen.

Besser ist es, man prüft, ob Giftpflanzen auf der Weide vorhanden sind, denn auf den Instinkt des Ponys kann man sich nicht immer verlassen.

**Giftpflanzen**

Es ist ein Ammenmärchen, dass Ponys Giftpflanzen instinktiv meiden würden. Sie nehmen sie besonders dann auf, wenn diese Pflanzen noch nicht blühen oder bereits getrocknet, also im Heu enthalten sind.

Giftig für Pferde sind unter anderem:

- Wurmfarn
- Sumpfdotterblume
- Schöllkraut
- Rainfarn
- Herbstzeitlose
- Gefleckter Schierling
- Stechapfel
- Fingerhut
- Sumpf-Schachtelhalm
- Johanniskraut
- Adlerfarn
- Hahnenfuß
- Kreuzkraut
- Adonisröschen
- Bingelkraut
- Bilsenkraut
- Buschwindröschen
- Robinie
- Eibe

| Geeignete Zaunmaterialien für Ponys | | |
|---|---|---|
| **Material** | **Eignung** | **Kosten** |
| Holzstangen | sehr gut | mittel (lassen sich teilweise günstig beim Forst oder im Sägewerk beziehen) |
| Metallrohre | sehr gut | hoch (aber auch sehr haltbar) |
| Kunststoffstangen | sehr gut, wenn gut befestigt | hoch (aber haltbar) |
| Elektroband | sehr gut, möglichst mit Holzpfosten sichern | gering |
| Elektroseil | sehr gut, möglichst mit Holzpfosten sichern | gering (etwas teurer, aber auch haltbarar als Band) |
| Maschendraht | ungeeignet | gering |
| Stacheldraht | ungeeignet | gering |

**Hinweis**

Zäune müssen auch aus Gründen des Versicherungsschutzes täglich kontrolliert werden. Der Blick auf den Zustand der Batterie des Weidezaungerätes sollte dabei selbstverständlich sein. Erkundigen Sie sich bei Ihrer Haftpflichtversicherung, ob sie bestimmte Mindesthöhen beim Zaunbau und welche Zaunhöhe oder Art der Befestigung sie vorschreibt.

Maschendrähte oder gar Stacheldraht sind für Ponys völlig ungeeignet und teilweise bereits verboten, denn daran können sie sich schwer verletzen. Ein Pferdezaun besteht idealerweise aus Holz. Doch nicht immer ist die Errichtung eines festen Zaunes erlaubt oder möglich. Dann wählt man ein gut sichtbares Elektroband. Je nach erforderlicher Zaunhöhe empfehlen sich drei oder vier Reihen von Elektrolitzen. Elektrolitze aus Breitband ist für die Pferde besser sichtbar als Kordellitze, aber auch windempfindlicher. Je mehr elektrische Leiter die Litze enthält, desto besser leitet sie den Strom. Um die Chancen für notorische Ausbrecherponys zu reduzieren, ist dies sicher nicht unwesentlich. Generell hängt die Sicherheit einer Umzäunung von ihrem Zustand ab. Eine mangelhafte Erdung und verknotete Elektrobänder machen die Leitung jedes noch so starken Stromgerätes zunichte!

Wählt man eine Einzäunung aus Förderbandgummi, so sollte man sich ganz sicher sein, dass sie nicht von den Pferden angefressen wird.

## Sicherheit muss sein

Gerade wenn Sie Ihre Ponys auf etwas mageren Weiden halten oder halten müssen, ist das Risiko, dass sie sich verselbstständigen, recht groß. Da Sie als Besitzer für freilaufende Ponys haften, sollten Sie immer ein Auge auf Ihre Zaunanlagen haben.

Holzzäune sind günstig und sicher, müssen aber gepflegt werden. Für viele Weiden eignen sich, man sie nicht dauerhaft einzäunen darf, nur Elekrozäune. Setzen Sie in diesen Fällen sicherheitshalber immer ein paar Holzpfosten – mindestens an den Ecken. Als Mindeshöhe gilt die Widerristhöhe minus 20 %. Für die Hengsthaltung gelten allerdings andere Maße.

Welches Stromgerät für Sie geeignet ist, hängt von der Zaunlänge an. Je stärker das Gerät, desto mehr Sicherheit haben Sie. Also sparen Sie nicht am falschen Ende ...

**Hinweis**

Elektrozaungeräte, die mit 9 Volt Trockenbatterien betrieben werden, sind nicht für längere Zäune geeignet.

## Dülmener Wildpferd

Alle Ponys, die im Merfelder Bruch in Freiheit geboren werden, werden Dülmener Wildpferde genannt, außerhalb dieser Herde geborene heißen Dülmener. Sie sind in der Regel alle grau- oder falbenfarben ohne weiße Abzeichen. Die Wildpferdeherde in Dülmen ist das einzige in Deutschland noch existierende Wildgestüt. Es wurde bereits im Jahre 1316 das erste Mal erwähnt und die robusten Falben leben seit Jahrhunderten frei, fast ohne menschliche Eingriffe in die Herde. In sehr harten Wintern bekommen sie allerdings etwas Raufutter zur Verfügung gestellt, und einmal im Jahr – im Mai – wird ein Teil der Junghengste aus der Herde gefangen und versteigert. Die zähen Burschen eignen sich als Reit-, Fahr- und sogar als Distanzponys.

| | |
|---|---|
| **Stockmaß** | 130–145 cm |
| **Farbe** | Falben |
| **Herkunft** | Deutschland, Merfelder Bruch bei Dülmen |

▼

▲

## Mérens

Mérens sind kleine kräftige Ponys im leichten Kaltbluttyp, die in ihrer bergigen Heimat gute Trag- und Arbeitsponys waren. Bis heute haben sie sich ihre Genügsamkeit und Trittsicherheit bewahrt. Man sagt ihnen sogar nach, sie könnten klettern und springen wie Gämsen – sicherlich eine Aussage, die ins Reich der Legenden gehört. Zudem sind die robusten Ponys außerordentlich attraktiv: die Rappen – nur selten werden Füchse geboren – erinnern an kleine Friesen und machen sowohl unter dem Reiter als auch vor der Kutsche eine gute Figur. Mérens ähneln den in den 15.000 Jahre alten Höhlenzeichnungen dargestellten Pferden von Labastide, Lascaux und Niaux so stark, dass man davon ausgehen muss, dass diese Rasse außergewöhnlich alt ist. Heute gibt es Mérens in den Hochalpen, den Alpen der Provence, dem Zentralmassiv und in den Cevennen. Ursprünglich kommen sie aus dem Hochtal der Ariège, einem Nebenfluss der Garonne, deren Quellgebiet an der Grenze zu Andorra liegt.

| | |
|---|---|
| **Stockmaß** | 135–145 cm |
| **Farbe** | Rappen |
| **Herkunft** | Pyrenäen, Frankreich |

## Mongolen Pony

Mongolen Ponys gab es schon vor Christi Geburt, also vor unserer Zeitrechnung. Sie haben große Ähnlichkeit mit den Przewalski Pferden. Noch heute sind sie für die Nomaden der Mongolei das wichtigste Transportmittel: Sie ziehen während des ganzen Jahres mit ihrem Vieh umher, Kamelen, Rindern, Yaks, Schafen, Ziegen und Pferden. Die Mongolen Ponys dienen ihnen als Fleisch- und Milchlieferanten sowie als Reit- und Lasttiere. Die Ponys sind sehr zäh und außerordentlich robust, aber nach unseren Standards nicht unbedingt hübsch. Ihr Kopf ist eher grob und sie besitzen einen eher kurzen Hals. In Europa sind sie sehr selten.

| | |
|---|---|
| **Stockmaß** | 135–145 cm |
| **Farbe** | alle Farben |
| **Herkunft** | Mongolei |

▼

▲

## Konik

Koniks sind Ponys, die noch sehr im Wildtyp stehen. Viele von ihnen zeigen eine Zebrierung: Aalstrich und Streifen an den Beinen. Bis ins vergangene Jahrhundert lebten sie in Polen sogar noch wild. Doch sie wurden sehr stark bejagt und waren fast ausgestorben. Inzwischen konnte ihr Bestand in einem Reservat gesichert werden. Die robusten Koniks (polnisch: Pferdchen) sind fleißig, widerstandsfähig und ausdauernd: Sie eignen sich besonders gut für die Arbeit in der Landwirtschaft. Heute werden sie auch in Naturparks gehalten, wo sie sich als Landschaftspfleger betätigen: beispielsweise im niederländischen Oostvaardersplassen, den deutschen Naturschutzgebieten Geltinger Birk (Ostsee) und Wöhrdener Loch (Speicherkoog, Dithmarschen) und im polnischen Białowieża-Nationalpark.

| | |
|---|---|
| **Stockmaß** | ca. 132 cm |
| **Farbe** | Falben |
| **Herkunft** | Polen |

# Fütterung

Am liebsten verbringen Ponys den ganzen Tag auf der Weide. Aber aufgepasst! Zu viel Gras kann schädlich sein.

Die meisten Ponyrassen gelten als ausgesprochen robust, sodass man sich nicht immer viele Gedanken um die Fütterung macht. Dabei benötigt aber auch die Fütterung der „Robusten" ebensoviel Sorgfalt wie die anderer Pferde. Unbedachte Fütterung ist ein Hauptgrund, warum so viele Ponys an Hufrehe erkranken oder sogar getötet werden müssen, denn Hufrehe führt bis zum Ausschuhen. Das heißt, das Hufbein rotiert und senkt sich irreversibel. Außerdem ist es für das Tier extrem schmerzhaft und irreparabel.

## Fresszeiten und Verdauung

Ponys fressen den ganzen Tag. Das liegt nicht nur daran, dass sie manchmal besonders gierig sind, sondern in ihrer Natur. Ihr Magen und Darm sind darauf ausgerichtet, fast ununterbrochen zu arbeiten und dabei aus dem nicht immer hochwertigen Raufutter die notwendigen Nährstoffe herauszuholen.

**Achtung!**

Arbeitet man zu schnell nach dem Füttern mit einem Pony gearbeitet, wird die Salzsäureproduktion durch die Bewegung eingeschränkt. Gelangt der Futterbrei dann ohne ausreichende Durchmischung mit Salzsäure in den Darm, drohen Koliken.

Der Magen eines durchschnittlichen Großpferdes fasst etwa 15 Liter. Dies ist nicht viel und entspricht etwa dem Fassungsvermögen eines Schweinemagens. Dieser Magen darf nicht überladen werden. Zu goße (Kraft-) Futtermengen sind schädlich!

Im Magen des Pferdes werden Kohlenhydrate und Stärke abgebaut, dafür muss der pH-Wert im Magen bei etwa 5,5 liegen. Doch dieser pH-Wert schwankt schnell, wenn beispielsweise das Futter nicht ausreichend eingespeichelt worden ist. Mehliges oder zu kurz gehäckseltes Futter kann dazu führen, dass das Pony das Futter nicht ausreichend einspeichelt, auch zu große Kraftfuttermengen sind riskant. Raufutter wird von den Tieren generell besser eingespeichelt.

Erhaltungsbedarf von Sportpferden (nach O. Lengewatt: Was braucht mein Pferd. 1998)

| Lebendgewicht (kg) | Verdauliche Energie (MJ/Tag) | verdauliches Protein (g/Tag) |
|---|---|---|
| 300 | 41,86 | 200 |
| 400 | 50,23 | 260 |
| 500 | 60,70 | 310 |

Im hinteren Teil des Ponymagens wird Salzsäure abgesondert und der pH-Wert sinkt auf 2,5. Die Magenwände selbst werden dabei durch Schleim geschützt. In diesem stark sauren Bereich des Verdauungstraktes beginnt die Eiweißabspaltung aus den Nahrungsstoffen.

**Hinweis**

Denken Sie immer daran, dass der Darmtrakt Ihres Ponys auf regelmäßige Nährstoffaufnahme ausgelegt ist. Auch wenn Ihr Pony nicht schwer arbeitet, braucht es doch unbedingt ausreichend Raufutter. Kräftig kürzen dürfen Sie nur bei der Kraftfutterration!

## Grundfutter

Grundfutter für Pferde sind Saftfutter wie beispielsweise Gras, Grassilage, Maissilage und Heu oder Stroh.

Gerste, Mais, Hafer und Mischfutter wie Müsli oder Pellets gehören zu den Kraftfuttern. Mischfutter gibt es als Ergänzungsfutter für Fohlen, für erwachsene Pferde und für Sportpferde oder Zuchtstuten. Auch Mineralfutter ist ein Mischfutter und wird für unterschiedliche Bedürfnisse angeboten.

**Hinweis**

Hafer hat einen durchschnittlichen Energiegehalt von 11,3 MJ (Millijoule). 10 MJ reichen für Ponys, die leichtere Arbeit verrichten, durchaus. Lediglich Hochleistungspferde benötigen einen Energiegehalt von 12 MJ oder mehr.

## Ergänzungsfutter

Ergänzungsfutter mit niedrigem Proteingehalt, unter 10 %, und niedrigem Rohfasergehalt, circa 10 bis 11 %, eignet sich als Haferersatz oder zur Ergänzung der klassischen Heu-Hafer-Ration. Ein Ergänzungsfutter mit über 10 % Rohprotein ist nur für Ponys geeignet, die sportlich genutzt werden und dementsprechend Muskelarbeit leisten müssen. Enthält das Mischfutter viel Rohfaser, so kann es als „Alleinfutter“ gegeben werden. Das Pony benötigt dann nur noch nährstoffarmes Heu oder Stroh.

Der Nährstoffbedarf erhöht sich bei entsprechender Arbeit, wobei man immer bedenken muss, dass ein in der Freizeit gerittenes Pony in der Regel nur leichte Arbeit verrichtet. Die meisten Ponys erhalten zu viel Energie.

Lediglich bei laktierenden Stuten lässt sich immer einmal wieder ein Mangel feststellen, weil diese einen höheren Eiweißbedarf haben. Die Berechnung der korrekten Futterration für ein Pferd oder Pony ist mitunter nicht einfach, am besten lassen Sie sich von Futtermittelexperten beraten. Erkundigen Sie sich bei Ihrer Landwirtschaftskammer oder Ihrem Tierarzt und auch im Internet gibt es zahlreiche Beratungsmöglichkeiten. Vielleicht lohnt sich ja auch der Besuch eines guten Fütterungs-Seminars?

Wer soviel Leistung bringt wie dieses Reitpony im Turniereinsatz, braucht selbstverständlich richtig gutes Futter.

## Heu

Das wichtigste Futter für unsere Ponys ist Heu, wobei für dessen Qualität die Ernte entscheidend ist. Das Heu soll schnell trocknen und nicht verregnen. Es sollte aber nicht zu häufig gewendet werden, da sonst während des Trocknungsvorgangs und des Pressens zu viele Blätter und Blüten verloren gehen. So erntet, wer nicht schonend wendet, schlimmstenfalls nur noch Stängel. Durch Tau und Regen kann es dann auch noch zu Auswaschungen der empfindlichen Nährstoffe kommen und es drohen Verluste von 20 bis 55 % des Nährwertes (vgl. Lengewatt).

Der Schnittzeitpunkt des Grases ist entscheidend für den Nährstoffgehalt, je früher es geschnitten wird, desto mehr Eiweiß enthält das Heu. Jüngere Ponys und laktierende Stuten haben einen höheren Einweißbedarf, für sie ist also das früher geschnittene Heu ideal. Anders bei Sportponys, der niedrigere Eiweißgehalt ist für sie besser geeignet.

**Gutes Futterstroh ist**

- goldfarben/gelblich,
- absolut trocken,
- fühlt sich rau und nicht glatt an,
- ist nicht feucht,
- riecht relativ neutral.

## Stroh als Futterersatz

Stroh enthält circa 35 % mehr strukturierte Rohfaser als Heu. Dadurch eignet es sich als Heuergänzung für leichtfuttrige Ponys. Aber diese Roh-

▲

## Connemara

Die Connemarapferde stammen aus dem gleichnamigen Gebiet im Westen Irlands, einer Hügel- und Steinlandschaft an der Atlantikküste. Sie haben sich im Laufe der Zeit gut an ihre karge Umgebung angepasst und sind eher genügsam. Ihr ruhiger ausgeglichener Charakter führt sicher auch dazu, dass sie heute die am meisten verbreiteten und leistungsfähigsten Erwachsenen- und Kinder-Reitponys sind. Zudem verfügen die Pferde über ein fast legendäres Springtalent. Ihre Bewegungen sind energisch und raumgreifend, sodass sie sich auch für den Turniersport eignen.

| | |
|---|---|
| **Stockmaß** | 140–148 cm |
| **Farbe** | überwiegend Schimmel und Falben, aber auch Rappen, Braune und Füchse |
| **Herkunft** | Irland |

## Dartmoor Pony

Dartmoor Ponys stammen aus einem Moor- und Heidegebiet im Südwesten Englands namens Dartmoor. Das Leben im Moor ließ nur die widerstandsfähigsten Ponys überleben und schuf eine zähe und genügsame Rasse. In die Dartmoor Ponys wurden unzählige andere Rassen eingekreuzt, unter ihnen Englische Vollblüter, Hackneys und Cobs. Doch nicht alle Kreuzungen waren wirklich sinnvoll, bewährt haben sich lediglich die robustesten Ponys. Ihre Gesundheit und ihr Arbeitswille sind so ausgeprägt, dass die kleinen Ponys in großer Zahl im Bergbau eingesetzt wurden – und unglücklicherweise auch ziemlich wahllos mit Shetland Ponys gekreuzt. Für die Dartmoors bedeutete dies fast das Aus, erst durch ein eigenes Zuchtregister wurde die Ponyrasse, die seit etwa 1012 existieren soll, im Jahre 1899 gerettet. Die hübschen Ponys eignen sich sehr gut für Kinder und sich wegen ihres enormen Springvermögens auch für Turniereinsteiger. Erwachsene haben finden in den Dartmoor Ponys ausgezeichnete Fahrpferde, mit meist sehr guten Bewegungen.

| | |
|---|---|
| **Stockmaß** | ca. 125 cm |
| **Farbe** | alle Farben, außer Schecken |
| **Herkunft** | England |

▼

▲

## Exmoor Pony

Ein Exmoor Pony erkennen Freunde dieser Rasse sogleich an dem typischen hellen Mehlmaul – andere Abzeichen sind bei den Ponys ausgesprochen selten und unerwünscht. Exmoor Ponys wurden ursprünglich als Reit- und Packpferde der Moorbauern genutzt, später auch als Wagenpferde bei Bauern und Händlern. So sind die dunklen Ponys ungewöhnlich kräftig: ein ausgewachsenes Exmoor Pony kann einen schweren Erwachsenen durchaus einen ganzen Tag lang tragen. Ebenso sprichwörtlich wie ihre Fähigkeit, Lasten zu tragen ist die Gesundheit der Exmoors. Sie werden oft über 30 Jahre alt. Exmoor Ponys gelten als Nachkommen der Ponys der Kelten. Trotz ihrer fast legendären Geschichte waren die Ponys vielfach im Bestand stark bedroht. Im zweiten Weltkrieg wurden beispielsweise viele von ihnen einfach geschlachtet. Obwohl man sich seitdem um den Erhalt der Rasse bemüht, sind sie immer noch stark gefährdet.

| | |
|---|---|
| **Stockmaß** | ca. 125 cm |
| **Farbe** | dunkle Falben oder Dunkelbraune |
| **Herkunft** | England |

## New Forest Pony

Die Heimat der New Forest Ponys liegt in Südengland im ehemaligen Jagdgebiet namens New Forest. Dort lebten die New Forest Ponys halbwild gemeinsam mit Rindern und ernähren sich von Sauergräsern, Heidekraut und Schilf.Das New Forest Pony gehört zu den sogenannten britischen Berg- und Moor-Ponys. Mit einem Stockmaß bis zu 148 cm zählen sie zu den größeren Berg- und Moor-Ponys. Sie eignen sich teilweise sogar zum Reiten oder Fahren für Erwachsene. New Forest Ponys sind sowohl von der Farbe als auch vom Typ her sehr unterschiedlich. Dies liegt daran, dass immer wieder fremde Pferde auf dem Gebiet freigelassen wurden, die sich mit den New Forest Ponys gekreuzt haben. So ließ man teilweise mit Absicht größere Hengste zu den Ponys, um die Rasse auf mehr Größe zu züchten, während man die echten New Forest Hengste sogar abschoss. Auch in der gezielten Rassezucht wurden unterschiedlichste Pferde- und Ponyrassen eingesetzt, sodass die New Forests heute den Sportponys sehr nahe kommen.

| | |
|---|---|
| **Stockmaß** | 125–148 cm |
| **Farbe** | alle Farben |
| **Herkunft** | England |

▼

# Gesunderhaltung und Pflege

Rechte Seite: Ein gesundes Pferd hat Kraft, Energie und Ausdauer.

Entscheidend dafür dass ein Pony gesund bleibt, sind in erster Linie die richtige Haltung und Fütterung. Ebenso wichtig sind aber auch Wurmkuren, richtiger Hufbeschlag oder korrekte Hufbearbeitung, Impfungen und Zahnkontrollen. Auch das Putzen gehört zur Gesunderhaltung: Das Entfernen der abgestorbenen Haare ist wichtig und dient nicht nur der Schönheit.

## Hufbeschlag

Wie wichtig ein korrekter Hufbeschlag beziehungsweise eine richtige Bearbeitung des Barhufes ist, wird einem in der Regel erst bewusst, wenn man sich die Auswirkungen anschaut: 2 mm Veränderung im Hufbereich bewirken 2 cm im Schulterbereich!

Leider zeigen es die wenigsten Pferde direkt, wenn am ihrem Huf etwas nicht stimmt. Veränderungen wie Überbeine entstehen meist relativ langsam. Erfahrungsgemäß reagieren manche Pferde allerdings schneller: Die Stute einer Freundin beginnt bereits zu lahmen, wenn ihre Vorderhufe zu lang sind und sie nicht mehr richtig abrollen kann. So sollte man sein Pony gut beobachten, um an seinem Verhalten möglichst früh zu erkennen, ob etwas mit den Hufen nicht mehr stimmt.

Der typische Hufbeschlag ist noch immer das Hufeisen: es lässt sich sehr gut anpassen und ebenso gut bearbeiten. Damit ist das „Eisen" für die meisten Pferde immer noch der beste Hufbeschlag, besonders dann, wenn der Huf nicht völlig ideal geformt ist oder sogar ein Korrekturbeschlag notwendig ist. Auch lassen sich an das Hufeisen Extras, wie Stollen oder Wideastifte anbringen. Ebenso möglich sind zusätzliche Kunststoffplatten, die der Dämpfung dienen oder gegen das Aufstollen von Schnee helfen.

Andererseits hat das Hufeisen auch Nachteile: Es kann im Falle einer Auseinandersetzung zwischen den Pferden bei der Herdenhaltung zur

**Hinweis**

Hufeisen müssen etwa alle sechs bis acht Wochen erneuert werden, auch wenn sie vielleicht noch nicht durchgelaufen sind. In dieser Zeit ist der Pferdehuf so weit nachgewachsen, dass das Pony seine Beine ungleichmäßig belasten würde. Denn an der Zehe – also ganz vorne am Huf – wächst das Horn in der Regel schneller.

Gefahr werden. Auch ist das Hufeisen sehr starr und wirkt daher nicht stoßdämpfend. Wer viel auf harten Böden reitet, benötigt stoßdämpfende Einlagen.

## Alternative Beschläge

Aluminium- oder Verbundeisen (wie z.B. Öllov®) können eine Alternative sein. Aluminiumbeschläge werden üblicherweise im Trab- oder Galopprennsport verwendet. Sie sind leichter als Eisen, verschleißen aber auch schneller, sodass die Beschlagsperioden kürzer sein müssen als beim herkömmlichen Eisen. Für harte Böden sind Alu-Hufbeschläge eher ungeeignet, weil sie weniger haltbar sind.

Verbundbeschläge, wie Öllov Original® oder Mustad Nail Shu®, bestehen aus einem Aluminiumkern mit einer Kunststoffummantelung. Durch die Ummantelung sind sie schwerer, dafür aber fast so lange haltbar wie Eisen. Von Vorteil ist ihre gute Stoßdämpfung im Gegensatz zu reinen Metallbeschlägen.

Einlagen zwischen Huf und Eisen wirken bei starker Belastung und harten Böden dämpfend.

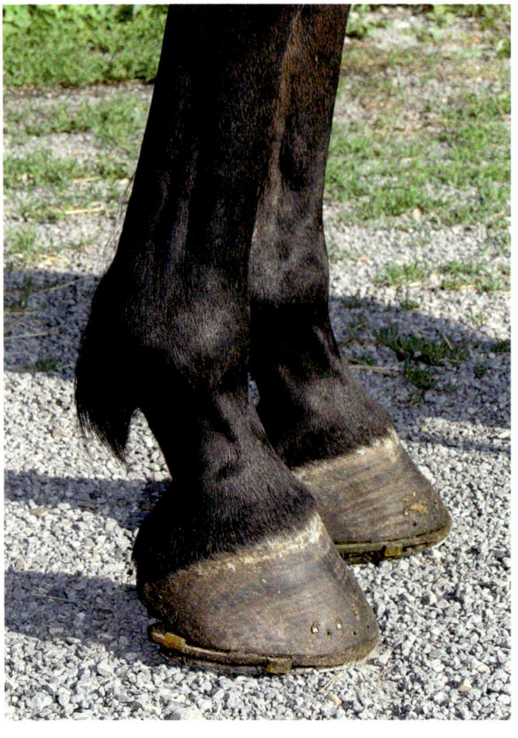

In den letzten Jahren kamen immer mehr Kunststoffbeschläge auf den Markt: Sie bestehen meist aus reinem Polyethan. Einige Modelle haben aber auch Metalleinlagen im Zehenbereich. Die Haltbarkeit der Kunststoffbeschläge ist mittlerweile sehr gut, hängt aber natürlich sehr stark vom Bewegungsumfeld des Ponys, also der Häufigkeit der Nutzung und von der Härte der Böden ab, auf denen es lebt und geritten wird. Ein großer Vorteil der Kunststoffbeschläge ist ihre Eigenschaft der guten Stoßdämpfung. Die Beschläge sind relativ leicht und bergen nur eine äußert geringe Verletzungsgefahr.

Ponys mit sehr weichem Hufhorn und eher weiten Hufen kommen mit Kunststoffbeschlägen allerdings nicht so gut zurecht. Der Kunststoffbeschlag kann den Huf weiten und die Hufwand regelrecht nach außen drücken. Ein weiterer Nachteil ist das abrupte Abstoppen der Bewegung bei manchen Kunststoffbeschlägen. Einige Modelle ähneln dem „Barhuflaufen“, andere stoppen den Huf wesentlich schneller als der unbearbeitete Huf. Es gibt Pferde und Ponys, die damit nicht zurechtkommen. Bei einem Pony hat sich nach eigener Erfahrung gezeigt, dass es sich dadurch stark verspannt und Blockaden im Bereich Halswirbelsäule, Schulter und Brustwirbelsäule bekommt. Es muss mit Eisen beschlagen werden.

## Klebebeschläge

Geklebte Beschläge werden dann verwendet, wenn das Hufhorn eines Ponys so stark geschädigt ist, dass man keinen Beschlag mehr aufnageln kann. Ihr Einsatz beschränkt sich deshalb eher auf therapeutische oder orthopädische Zwecke; für den normalen Alltag oder Freizeit- oder Sportbereich sind sie weniger geeignet.

Die Verarbeitung ist sehr aufwändig und in einer reinen Offenstallhaltung fast unmöglich. Klebebeschläge können nur an einen sehr trockenen, sauberen und staubfreien Huf angebracht werden, sonst leidet ihre Haltbarkeit.

## Hufschuhe

Hufschuhe sind ideal für Ponys, die keinen dauerhaften Hufschutz benötigen. Dies sind meist Tiere mit guten, harten Hufen und korrekter Hufstellung. Sie brauchen nur für eine bestimmte Zeit der besonderen Belastung einen Hufschutz wie bei einem Wanderritt, gelegentlichem Reiten in Gelände oder auf steinigen Böden. Hufschuhe sind auch eine gute Alternative, wenn man sein Pony im Winter unbeschlagen lassen kann und im Frühjahr zunächst mit Hufschuhen reitet. Im Sommer, wenn man mehr zum Reiten kommt, kann man dann wieder beschlagen.

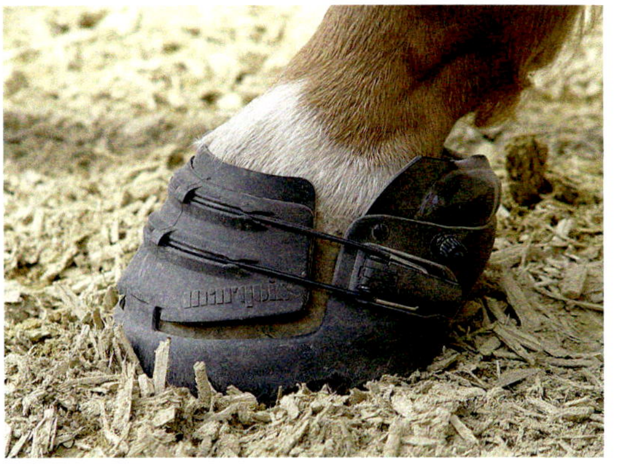

Wenn man nur gelegentlich Schutz braucht, sind Hufschuhe eine gute Lösung.

Welcher Hufschuh für welches Pony geeignet ist, hängt sehr stark von der Hufform ab. Zudem spielt der Bewegungsablauf eine wichtige Rolle. Ponys, die dazu neigen, mit dem Hinterhuf sehr knapp hinter den Vorderhuf zu treten, verlieren ihre Schuhe schnell. Am besten, man probiert verschiedene Varianten und lässt sich beraten. Manche Hufschmiede verkaufen auch Hufschuhe und im Internet findet man Shops, die sich auf Hufschuhe spezialisiert haben.

Da es von der Hufform, dem Gangbild und der Bodenbeschaffenheit abhängt, ob der ausgesuchte Hufschuh dem eigenen Pony passt, ist es wünschenswert, erst einmal verschiedene Schuharten auszuprobieren. Man sollte deshalb ruhig im Freundes- und Bekanntenkreis nach der Möglichkeit fragen, verschiedene Modelle zu testen. Dass man mit den Hufschuhen zunächst auf dem Reitplatz bleibt, um sie im Notfall wiederzufinden, sollte selbstverständlich sein. Denn ganz billig sind sie in der Anschaffung nicht: um die 100 Euro pro Schuh muss man teilweise schon rechnen. Diese lohnen sich natürlich, wenn man die Hufschuhe dafür jahrelang in Gebrauch hat.

## Wurmkuren

Extrem wichtig für die Gesunderhaltung eines jeden Ponys ist die Bekämpfung von Parasiten. Dadurch, dass unsere Ponys sich nur auf einer begrenzten Fläche aufhalten, steigt das Risiko enorm, sich mit Magen-Darm-Parasiten zu infizieren. Während wildlebende Pferde und Ponys weiterziehen, bevor sie sich mit den selbst ausgeschiedenen Parasiten wieder anstecken können, verbleiben unsere Ponys auf ihren Weiden.

**Hinweis**

Ponys vermeiden instinktiv die Aufnahme von Nahrung an den Kotstellen. Dadurch entstehen auf den Weiden die sogenannten „Geilstellen", an denen der Bewuchs höher wird, weil sie daran nicht mehr fressen.

Die wichtigste Vorsorge ist immer die Weidehygiene: möglichst tägliches Absammeln von Pferdeäpfeln sollte selbstverständlich sein. Aber auch bei optimaler Pflege sind Wurmkuren notwendig und unverzichtbar. Ein starker Wurmbefall führt zu Leistungsabnahme, kann Koliken hervorrufen und letztendlich sogar lebensbedrohlich sein!

Auf jeden Fall sollte der Tierarzt bei der Auswahl der geeigneten Wurmkur beraten. Gegebenenfalls wird er zu einer Kotprobe raten, um das passende Mittel auszuwählen. Es können beim Pony drei Parasitengruppen auftreten:

- Rundwürmer (Nematoden): z.B. die Strongyliden, Zwergfadenwürmer, Spulwürmer, Pfriemenschwänze
- Bandwürmer (Cestoden): Plattwürmer
- Magendasseln: Fliegenlarven

## Impfungen

Impfungen gehören zur notwendigen Gesundheitsprophylaxe eines jeden Ponys. Gegen welche Krankheiten geimpft werden muss, hängt allerdings von der Art der Nutzung ab. Eine Tetanusimpfung sollte für wirklich jedes Pony selbstverständlich sein. Der Tod eines mit Tetanus infizierten Ponys ist sehr grausam und absolut überflüssig. Eine Wiederholungsimpfung nach der Grundimmunisierung erfolgt in der Regel alle ein bis zwei Jahre.

Influenza-Impfungen, die das Pony vor der Ansteckung mit Equine Influenza der Stämme A/equi/1 und A/equi/2 schützt, ist bei Turnierpferden Pflicht. Nach der Grundimmunisierung müssen Turnierpferde alle sechs Monate geimpft werden. Nicht-Turnierpferdereiter sollten sich mit ihrem Tierarzt über die Impfung beraten – eine jährliche Impfung ist erfahrungsgemäß zu empfehlen, zumal das Risiko recht hoch ist, dass das Pony im Anschluss an eine Influenzainfektion eine bakterielle Erkrankung der Lunge bekommt.

| Tabellarischer Impfplan für Pferde (LM = Lebensmonat, TM = Trächtigkeitsmonat) | | | | |
|---|---|---|---|---|
| **Krankheit** | **Frühester Impftermin** | **Grundimmunisierung** | **Wiederholung** | **Zuchtstute** |
| Influenza | 4. LM | 1. Impfung: beliebig<br>2. Impfung: 4–6 Wo. nach 1. Impf.<br>3. Impfung: 5–7 Mo. nach 2. Impf. | alle 6 Monate | 4–6 Wo vor Geburtstermin |
| Herpes | 4. LM | 1. Impfung: beliebig<br>2. Impfung: 3–4 Mo. nach 1. Impf. | alle 6 Monate | 3./4.TM und 7./8. TM |
| Influenza<br>+<br>Herpes<br>(Kombi-impfstoff) | 4. LM | 1. Impfung: beliebig<br>2. Impfung: 6 Wo. nach 1. Impf.<br>3. Impfung: 2–6 Mo. nach 2. Impf. | alle 6 Monate | 3./4.TM und 7./8. TM |
| Tetanus | 5. LM | 1. Impfung: beliebig;<br>2. Impfung: 3–8 Wo. nach 1. Impf.<br>3. Impfung: 12 Mo. nach 2. Impf. | alle 2 Jahre | im 9. TM |
| Tollwut | 6. LM | Wird die Impfung bei Fohlen unter 6 Monaten durchgeführt, sollte eine 2. Impfung mit 6 Monaten erfolgen. | 1 x Jahr | im 9. TM |

Eine Tollwutimpfung ist bei Pferden, die regelmäßigen Weidegang haben, in Risikogebieten zu empfehlen. Über die Notwendigkeit der Impfung kann der örtliche Tierarzt Auskunft geben.

Über kaum eine Impfung ist in den letzten Jahren so viel diskutiert worden, wie über die Herpes-Impfung. Fakt ist, dass es zwei Stämme des Equinen Herpes Virus (EHV) gibt, die für Pferde und Ponys riskant sind: EHV 4 kann zu Atemwegserkrankungen und zum Tod führen. EHV 1 kann auch zu Atemwegserkrankungen führen, löst aber vor allem Fehlgeburten aus. Da im Einzelfall auch geimpfte Pferde an Herpes erkranken können, wird diese Impfung immer wieder in Frage gestellt. Andererseits ist es für einen möglichst umfassenden Schutz eines Pferdebestandes notwendig, dass alle Pferde geimpft sind. Zudem erkranken geimpfte Pferde weniger stark an Herpes. Besprechen Sie den Nutzen der Impfung mit Ihrem Tierarzt.

## Richtig Putzen

Putzen dient der Fellpflege, aber auch der Kontaktaufnahme zum Pony. Beim Putzen kontrolliert man es immer auf kleinere Verletzungen oder Schrammen. Man nimmt sich etwas Zeit, prüft, ob der Hufbeschlag noch richtig sitzt und krault sein Pony vielleicht auch einmal an der Lieblingsstelle.

Zum Säubern eines Ponys braucht man folgendes Putzzeug: einen Striegel (aus Kunststoff oder Gummi), einen Noppen- oder Massagestriegel, eine Wurzelbürste, eine Kardätsche (weiche Bürste für Staub), eine Mähnenbürste oder einen Mähnenkamm, zwei verschiedenfarbige Schwämme (einen für die Nüstern und einen für die Analregion) und einen Hufkratzer (mit Bürste). Bei Ponys mit viel Winterfell empfiehlt sich auch ein sogenannter Federstriegel, mit dem sich der Schmutz sehr gut aus dem langen Haar entfernen lässt.

**Hinweis**

Ein Pony in einer Offenstallhaltung muss man im Winter nicht penibel von jedem Staubkorn befreien, es genügt, den groben Schmutz zu entfernen, damit Sattel und Trense nicht scheuern.

Das Pony wird zunächst von den groben Verunreinigungen befreit, den es vielleicht von der Nacht auf der Koppel mitgebracht hat. Mit dem Striegel putzt man natürlich nur den Hals, den Bauch und die Kruppe des Pferdes. Der Kopf und die Beine sowie die Wirbelsäule sind viel zu empfindlich. Diese Stellen, an denen die Knochen direkt unter der Haut zu fühlen sind, werden mit einer Wurzelbürste vorsichtig gereinigt. Die Kardätsche nimmt anschließend den Staub aus dem Pferdehaar und sorgt dafür, dass das Pony nach der Pflege richtig glänzt. Mit den Schwämmen – am besten zwei, die man farblich auseinander halten kann – säubert man zum einen die Nüstern und zum anderen den Genitalbereich mit etwas Wasser. Die Hufe werden ausgekratzt. Einfetten kann man sie, wenn sie auf dem Turnier schick aussehen sollen.

Gleich ist Zeit für die große Wäsche. Vor einem Turnier kann man schon einmal den Schweif waschen, sonst ist das kaum nötig.

So hübsch zurechtgemacht kann man getrost zum Turnier fahren.

## Schick für's Turnier

Wenn man sein Pony für das Turnier oder auch nur die Reitstunde ordentlich putzen möchte, dann wird nicht nur die Mähne sorgfältig gekämmt oder gebürstet. Der Schweif wird mit der Hand gepflegt. Dazu nimmt man die Haare und entwirrt sie mit den Fingern. Würde man den Schweif bürsten, so würde man viel zu viele Haare ausreißen! Soll ein Pony zum Beispiel für ein Turnier hübsch gemacht werden, wird der Schweif zusätzlich gewaschen. Natürlich kann man bei gutem Wetter auch gleich das ganze Pony waschen, aber Vorsicht: Manche Vierbeiner wälzen sich gerade nach dem Waschen ausgiebig in der nächsten Schlammkuhle!

Dass man sein Pony nicht bei jedem Wetter mit eiskaltem Wasser überschüttet, sollte selbstverständlich sein. Häufiges Waschen mit Shampoo ist generell nicht sonderlich gut für die Haut und das Fell. Im Normalfall sollte es daher genügen, die besonders dreckigen Beine zu shamponieren.

## Hufpflege

Wie bekommt man nun eigentlich sein Pony dazu, die Hufe zu heben? Das ist ganz einfach: Man tritt seitlich an das Pony heran, stellt sich mit dem Blick zum Schweif auf, beugt sich hinunter und umfasst mit einer Hand das Bein und sagt deutlich „Fuß“ oder „Huf“. Dabei kann man ruhig ein wenig an dem Bein ziehen oder mit der Hand dagegen klopfen. Das

## Lewitzer

Die Lewitzer sind die einzige Pferderasse, die nach dem zweiten Weltkrieg auf dem Gebiet der ehemaligen DDR entstanden ist. Der Name leitet sich vom Gut Lewitz bei Neustadt-Glewe in Mecklenburg ab. Der Lewitzer ist ein mittelgroßes, elegantes Pony, mit schnellem Reaktionsvermögen und ausgezeichneter Lern- und Leistungsbereitschaft. Es gilt als gutmütig und ausgeglichen und eignet sich hervorragend als Kinderpony und Fahrpferd. Auch für kleinere Erwachsene sind Lewitzer ideale Pferde. Einige stellen ihre Leistungsbereitschaft auch im Distanzsport unter Beweis. Die meisten Lewitzer, die mit Trakehnern und Vollblütern veredelt wurden, sind Rapp- und Dunkelbraunschecken, aber auch alle anderen Farben kommen vor.

| | |
|---|---|
| **Stockmaß** | 130–148 cm |
| **Farbe** | Schecken |
| **Herkunft** | Deutschland |

## Deutsches Reitpony

Die Zucht des Deutschen Reitponys begann etwa 1965 auf der Grundlage englischer Ponys. Die Basis bildeten Welsh Ponys ebenso wie Araber, Anglo-Araber und Englische Vollblüter. Das Ziel der Zucht waren Ponys, die aussahen wie das Britische Riding Pony. Deutsche Reitponys sehen aus wie Mini-Warmblüter. Sie wurden gezüchtet, damit Kinder und Jugendliche mit ihnen wie die „Großen" mit Großpferden, in den Turnierdisziplinen starten können, und hierfür sind sie auch hervorragend geeignet. Die meisten Reitponys sind temperamentvollen Pferdchen, die sehr gute Bewegungen haben – ebenso gut, wie die großen Warmblutpferde. Sie sind großartige Spring- und Dressurpferde und – außer in der Größe, oft nicht von Warmblütern zu unterscheiden. Man sagt sogar, die kleinen Sportponys seien ihren großen Verwandten manchmal überlegen: Einige von ihnen sind rittiger und reaktionsschneller als Großpferde, zudem robuster und gesünder. Auf Grund ihres hohen Blutanteils sind sie aber in aller Regel nicht für Anfänger geeignet.

| | |
|---|---|
| **Stockmaß** | 138–148 cm |
| **Farbe** | alle Farben |
| **Herkunft** | Deutschland |

▲

## Shetland Pony

Shettys sind die sicher bekanntesten kleinen Ponys. Häufig werden sie als Kinderponys eingesetzt, sind aber mit einer enormen Leistungsfähigkeit ausgestattet. Die ehemaligen kleinen, vierbeinigen Bergwerksarbeiter sind ausgezeichnete Fahrpferde. Shetland Ponys sind die älteste Pferderasse Großbritanniens. Sie wurden nicht künstlich klein gezüchtet, sondern im extrem rauen Klima ihrer Heimat, der Shetland-Inseln „verkümmert". Shettys gibt es in allen Farben, auch Schecken, außer Tigerschecken (siehe Foto Seite 89), kommen häufig vor. Mini-Shettys, eine besondere Zuchtrichtung der Shetlandpferde, sind noch kleiner, nicht höher als 87 cm. Trotzdem sind sie aber keine kleinen Spielzeugpferde: Sie können das Anderthalbfache ihres eigenen Körpergewichts ziehen.

| | |
|---|---|
| **Stockmaß** | 87–107 cm |
| **Farbe** | alle Farben |
| **Herkunft** | England |

## Camargue

Diese Pferde stammen aus der Camargue, einer Landschaft aus Sumpf und Sandsteppe am französischen Mittelmeer. Die kleinen, kräftigen Schimmel sind sehr schnell und wendig – sie werden von den Rinderhirten, den Gardians, zum Hüten von Stieren eingesetzt. Die schwarzen Stiere, die sie hüten, sind manchmal recht angriffslustig und besitzen lange Hörner. Die kleinen Pferde müssen ebenso reaktionsschnell sein. Vielen Camargues sieht man den iberischen oder berberischen Einfluss auf ihre Rasse an. Von den Iberern und Berbern haben die Camargue-Pferde auch ihre Eignung zur klassischen, barocken Reiterei geerbt, was sie zu beliebten Pferden für den anspruchsvollen Freizeitreiter macht.

| | |
|---|---|
| **Stockmaß** | 135–150 cm |
| **Farbe** | Schimmel |
| **Herkunft** | Camargue, Frankreich |

▼

# Reiten und Fahren

Rechte Seite: Haflinger sind im Fahrsport sehr erfolgreich.

Ponys sind wahre Alleskönner. Viele eignen sich sowohl für die unterschiedlichen Reitweisen als auch zum Fahren. In vielen Turnierdisziplinen sind sie mit kleinen und großen Reitern erfolgreich – und neben ihrem Talent bringen sie meist noch einen enormen Leistungswillen mit!

## Englischreiten

Die in Europa wohl verbreitetste Reitweise ist das sogenannte „Englischreiten“, dessen Bezeichnung wohl irgendwann einmal in Abgrenzung zum Westernreiten entstand. Man kann diese Reitweise in Abgrenzung zum klassich-barocken Reiten auch als FN-Reitweise (FN = Fédération Equestre Nationale) bezeichnen. Die Reiter des Englischreitens werden in Deutschland durch die Deutsche Reiterliche Vereinigung (FN) vertreten und finden überall im Land Reitschulen, anerkannte Ausbilder und auch Turnierprüfungen. Auch in der Öffentlichkeit ist diese Reitweise am bekanntesten. Im Fernsehen sieht man fast ausschließlich Dressur- oder Springprüfungen in dieser Reitweise, die beispielsweise auch bei den Olympischen Spielen vertreten ist.

Genau genommen besteht sie aus drei Disziplinen: Dressur, Springen und Vielseitigkeit. Wer in diesen drei Disziplinen auf Turnierniveau mitreiten möchte, der ist in der Regel mit einem Deutschen Reitpony oder einem modernen Lewitzer gut bedient. In den Einsteigerklassen sieht man auch Ponys anderer Rassen, aber vielfach wird Wert auf die Gangarten gelegt, die denen eines Warmblutpferdes ähneln sollen.

### Dressur

Was ist das eigentlich „Dressurreiten“? Dressurreiten findet nicht nur auf einem Turnier statt, bei dem bestimmte Übungen präsentiert werden. Es dient vor allem dazu, das Pony zu gymnastizieren, es locker und geschmeidig zu machen, sodass es willig und zufrieden mitarbeitet. Zum Dressurreiten gehören alle Übungen mit denen man die Rittigkeit und damit die Gesundheit des Pferdes verbessert. Deshalb ist das Dressurreiten auch die Grundlage des Springreitens und des Vielseitigkeitsreitens und genau genommen auch des Freizeit- und Distanzreitens. Die gesamte Grundausbildung des Pferdes, das Verbessern der Zusammenarbeit von Pferd und Reiter, all dies gehört zum Dressurreiten.

Gut gerittene Ponys in der Dressur – ein schöner Anblick.

Die Grundlage des Dressur- und des Springreitens ist die Skala der Ausbildung. In ihr werden die Schritte der Pferdeausbildung festgelegt: Takt, Losgelassenheit, Anlehnung, Schwung, Geraderichten und Versammlung. Das Pony lernt also unter dem Reiter im Takt zu laufen, dabei losgelassen zu sein, in Anlehnung, das heißt mit weicher Verbindung von Reiterhand zum Pferdemaul, zu gehen, dabei Schwung zu entwickeln und sich geraderichten zu lassen. So erreicht es die Versammlung. Ein Pony, das so weit ausgebildet ist, dass es – orientiert an der Skala der Ausbildung – korrekt läuft, ist durchlässig. Durchlässigkeit meint, dass das Pony die Reiterhilfen ohne Zögern annimmt. Die Durchlässigkeit ist das Ziel aller Pferdeausbildung und dementsprechend ebenso wichtig für Dressur- und Springpferde wie auch für Freizeitpferde.

Um dieses Ziel zu erreichen, umfasst das Dressurreiten die verschiedensten Übungen, mit denen das Pony lernt, sich unter dem Reiter locker und gleichmäßig zu bewegen und die Reiterhilfen richtig auszuführen. Dabei gibt es Übungen, die besonders gut geeignet sind, um das Pony zu „lösen“ und seine Muskeln aufzuwärmen, wie zum Beispiel das Leichttraben oder das Reiten auf großen gebogenen Linien. Andere Übungen sind sehr gut, um die Akzeptanz der Reiterhilfen oder den Schwung zu verbessern, so beispielsweise das Reiten von Übergängen und ganzen Paraden.

Das Dressurreiten auf Turnieren umfasst genau diese Übungen in verschiedenen Schwierigkeitsgraden. Dabei gibt es für jeden Reiter von der Klasse E für Einsteiger, über Klasse A für Anfänger, Klasse L für Leicht, Klasse M für Mittel bis zur Klasse S, der schweren Klasse, die verschiedensten Prüfungen.

## Springen

Die Grundlage des Springreitens bildet ebenfalls die Skala der Ausbildung, da sich ein gutes Springpferd durch Rittigkeit, also durch williges Annehmen der Reiterhilfen, und damit durch Durchlässigkeit auszeichnet. Beim Springreiten springen Reiter und Pony gemeinsam über verschieden hohe Hindernisse. Das fängt an mit kleineren Sprüngen und kleinen Springreihen, die der Gymnastik dienen, und geht bis zu hohen Sprüngen in der Klasse S (schwer) über 1,55 m Höhe und 2 m Tiefe. Die Klassen mit den verschiedenen Schwierigkeitsgraden auf den Turnieren entsprechen denen der Dressurreiter. Das Springen verbessert ebenfalls die Zusammenarbeit von Pferd und Reiter und gerade kleinere Gymnastiksprünge helfen, eine eventuell verspannte Rückenmuskulatur des Pferdes zu lockern. So ist das Springreiten auch eine willkommene Abwechslung für Dressur- oder Distanzpferde.

Die unterschiedlichen Abmessungen zwischen den einzelnen Sprüngen eines ganzen Springparcours erfordern, dass man sein Pony ganz exakt reitet. Man muss wissen, ob das Pferd lange oder kurze Galoppsprünge bis zum nächsten Hindernis ausführen muss. Dazu gehört auch eine gesunde Portion Mut – ein Hasenfuß wird selten ein erfolgreicher Springreiter!

In den schweren Prüfungen sind es doch meist Warmblutpferde, die hier erfolgreich sind. Ponys sieht man in den Prüfungen bis zur Klasse A häufiger. Wer wirklich groß im Turniergeschehen mitwirken möchte, der braucht wohl ein typisches Warmblutpferd mit einem sehr guten Springvermögen. Wer aber Spaß an kleineren Sprüngen im Parcours und im Gelände hat, der wird sicher auch ein tolles Springpony finden!

## Vielseitigkeit

Die Vielseitigkeit – auch Military genannt – ist eine Disziplin, bei der man eine Dressuraufgabe, einen Springparcours und eine Geländestrecke absolvieren muss. Pferd und Reiter sind in dieser anspruchsvollen Disziplin wahre Multitalente – mit enormem Springvermögen und besonders viel Mut! Denn vor allem die Geländestrecken, auf denen die Pferde nach-

gebaute Naturhindernisse überwinden, Abhänge herabspringen, feste Hindernisse bewältigen und ins Wasser springen müssen, sind sehr schwer zu reiten. Man kann den Reitern und den Pferden nur großen Respekt zollen – sie leisten wirklich eine außerordentliche Schwerstarbeit.
Ponys sind in Vielseitigkeitsprüfungen eher selten zu sehen, ihr Springvermögen ist meist bei Prüfungen der Klasse A erschöpft – einfach weil es ihnen an Größe und Weite in der Galoppade fehlt – nicht aber an dem dafür erforderlichem Mut!

## Westernreiten

Das Westernreiten ist die ursprüngliche Reitweise der Cowboys. Diese hüteten ihre Rinderherden mit Hilfe der Pferde. Dazu mussten sie weite Strecken zurücklegen, denn Amerika hat riesige Weideflächen. Die Rinderherden grasten oft weit entfernt vom heimatlichen Hof. So mussten die Cowboys auch außerhalb der Stallungen einzelne Rinder einfangen können oder sie in eine bestimmt Richtung treiben. Ideal hierfür waren wendige und kompakte Pferde und Ponys, die gut zu sitzen waren und auch einmal schnell beschleunigen konnten, um einem Rind den Fluchtweg abzuschneiden.

Aus der Rinderarbeit sind unterschiedliche Disziplinen entstanden: Beim Cutting (vom Englischen to cut = schneiden) reitet der Reiter in eine Herde und sortiert dann ein Rind aus der Herde aus. Während der Aufgabe darf der Reiter keine Reiterhilfen geben. Den Cutting-Pferden ist der sogenannte „Cow Sense“ angeboren: Das Pony muss spüren, was das Rind tun wird, um es zu hüten wie ein Hütehund.

Die Rinderarbeit findet sich auch in der Disziplin Working Cowhorse. Dort wird zum einen eine Art Dressuraufgabe geritten, zum anderen muss der Reiter sein Können in der Rinderarbeit unter Beweis stellen und ein Rind daran hindern, zur Herde zurückzulaufen.

Auch die Disziplin Trail findet ihren Ursprung in der Alltagsarbeit der Cowboys. Beim Trail muss das Pony einen Hindernisparcours bewältigen. Der Reiter hat beispielsweise ein Tor zu öffnen, über eine Brücke oder Wippe zu reiten oder muss das Pony über Stangen treten lassen. Die Trail-Prüfung erinnert an die typischen Aufgaben des Cowboys: Weidetore öffnen und schließen, ohne dass ein Rind entwischt, über Brücken und Äste reiten. All dies musste ein Westernpferd auch im Alltag beherrschen.

Die einzelnen Manöver, die ein Westernpferd bei der Rinderarbeit beherrschen musste, werden in der Disziplin Reining geprüft: Die Reining ist die Dressur der Westernreiter. Hier werden „Sliding stops“ – Vollbremsungen auf der Hinterhand aus dem vollen Galopp heraus, „Spins“ –

Ponys, hier ein Connemara, eignen sich sehr gut zum Westernreiten.

schnelle Drehungen, und „Roll-backs“ – Wendungen auf der Hinterhand präsentiert.

Das angenehm zu sitzende und weich zu reitende Pony, das wird in der Pleasure vorgeführt: Pleasure bedeutet auf Englisch Vergnügen. Entsprechend soll es für den Reiter ein Vergnügen sein, das Pony am lockeren Zügel mühelos und harmonisch zu reiten. Die Pleasure wird deshalb in einem möglichst ruhigen Tempo geritten, wobei der Reiter nur ganz wenig, beziehungsweise möglichst unsichtbar, auf sein Pony einwirken sollte.

Andere Turnierdisziplinen sind Kombinationen aus den verschiedenen Aufgaben: Beim Western Riding werden Trail-Aufgaben sowie bestimmte Manöver wie Wechsel des Galopps bewertet. In der Horsemanship begutachtet man die Reiterhilfen, und die Superhorse-Prüfung ist eine Mischung aus Teilen von Reining, Trail und Western Riding. Spektakulär sind die Prüfungen, in denen die Pferde ihre Wendigkeit unter Beweis stellen, wie beim Barrel Race und Pole Bending. Beim Barrel Race werden Tonnen, beim Pole Bending Stangen so eng und schnell wie möglich im Slalom umrundet.

Westernreiten umweht ein Hauch von Lagerfeuerromantik. Aber was ist wirklich anders bei dieser Reitweise, die um so vieles leichter aussieht als das Englischreiten? Der Eindruck von Leichtigkeit, von weniger Druck und Zwang entsteht sicherlich durch die andersartige Zügelführung und den anderen Sitz. Im Gegensatz zum Englischreiten werden die Zügel viel länger gelassen, man hält keine stetige Verbindung zum Pferdemaul, sondern „zupft" nur noch bei Bedarf. Aber auch das Westernpferd soll in korrekter Haltung laufen. Die gewünschte Kopf-Hals-Haltung ist zwar in der Regel tiefer als bei den Pferden der Englischreitern, jedoch wünscht man beileibe auch kein Pony, das den Kopf nach oben reißt und mit verspanntem Rücken unter dem Reiter davon rennt. Andersartig ist hier die Dosierung der Zügelhilfen: Man treibt das Pony zwar ebenso mit Gewicht und Schenkeln an die Hand heran, aber sobald das Pony nachgibt, also Kopf und Hals fallen lässt, dann gibt hier die Reiterhand so weit nach, dass der Zügel durchhängt.

Auffallend ist auch der Unterschied in der Beinhaltung: Während der Englischreiter stets Verbindung zum Pferdekörper hält und jeden einzelnen Schritt nach vorne heraustreibt, gibt der Westernreiter nur Impulse. Er treibt nur stärker nach, sobald das Pony von sich aus langsamer wird. Solange es das gewünschte Tempo läuft, wird es also nicht getrieben. Somit ist diese Reitweise an sich etwas weniger anstrengend, weil man das Pony nicht ständig treiben muss. Da aber die impulsartigen Hilfen genauso exakt gegeben werden müssen wie die Hilfen beim Englischreiten, muss man das Westernreiten sicher ebenso gründlich und sorgfältig erlernen.

**Tipp**

Wer sich für das Westernreiten interessiert, sollte sich einen guten und damit anerkannten Trainer suchen. Idealerweise wäre dies ein EWU-Trainer (Erste Westernreiter Union Deutschland), der über eine anerkannte Ausbildung verfügt. Zum Westernreiten benötigt man nicht unbedingt ein Westernpferd oder einen Westernsattel. Man braucht erst einmal Unterricht! Denn, egal für welche Reitweise man sich entscheidet, richtig lernen muss man sie alle!

Einfacher ist das Westernreiten für den Reitanfänger sicher dadurch, dass die meist kleineren Westernpferde in der Regel weniger schwungvolle Gänge haben und leichter zu sitzen sind. Und der Westernsattel tut ein Übriges: Er vermittelt ein Gefühl von Sicherheit – schon allein deshalb, weil man sich an seinem Horn festhalten kann! Die Ausrüstung eines Westernreiters unterscheidet sich also bereits auf den ersten Blick von der eines Englischreiters. Und das Pony? Das trägt einen dieser großen bequemen Westernsättel. Auch die Zäumung ist eine andere: Da die Westernreiter weniger mit ständigem Zügelkontakt reiten, verzichten sie in den meisten Fällen auf ein Reithalfter. Die Trensen zeigen also mehr Pferd und haben weniger Lederriemen. Ebenso unterscheidet sich das Gebiss häufig, meist ist es dünner als das beim Englischreiten. Zudem werden viele Westernpferde einhändig geritten und dafür wird in der Regel eine Kandare benutzt. Diese Kandaren sind sehr dünn und haben lange Anzüge an den Seiten, da das Pony auf minimalste Hilfen reagieren soll. Die Kehrseite ist, dass das Gebiss so äußerst scharf ist und man dem Pony sehr weh tun kann. Eine Kandare gehört daher, egal in welcher Reitweise, immer nur in die Hände wirklich erfahrener Reiter!

Typisch für das Westernreiten sind aber auch gebisslose Zäumungen wie das Hackamore und das Sidepull. Letzteres wirkt über ein Nylon- oder Lederband auf die Nase des Pferdes. Das Hackamore kann ein mechanisches Hackamore sein, bei dem ein Bügel oder Lederriemen über der Nase mit seitlichen Anzügen versehen ist, oder ein klassisches Hackamore, das auch Bosal genannt wird. Dabei handelt es sich um einen mit Rohhaut oder Leder umflochtenen Ring, der um die Nase des Pferdes gelegt wird. Damit richtig zu reiten, das ist schon Profi-Sache! Aber das kann man ja lernen.

## Gangpferde reiten

Das Reiten auf Gangpferden ist streng genommen keine eigenständige Reitweise im herkömmlichen Sinne. Aber da die Gangpferde eine eigene Reiterszene, spezielle Pferderassen und Reiterhilfen sowie andere Ausrüstungen haben, werden sie hier gesondert genannt.

Gangpferde sind Pferde, die eine zusätzliche Gangveranlagung haben, das heißt, sie können außer den üblichen Gangarten Schritt, Trab und Galopp auch noch die Gangart Tölt und manchmal sogar Pass. Auf der gesamten Welt gibt es viele Gangpferde, da diese Gangveranlagungen genetisch recht häufig verbreitet ist. So zählt man etwa 40 Gangpferde-

Rennpass – die Krönung des Gangpferdereitens.

rassen. Die bekanntesten sind die Islandpferde, töltenden Traber, Mangalarga Marchador oder auch die südamerikanischen Paso Finos und Paso Peruanos. Ursprünglich trugen auch viele andere Rassen diese Gangveranlagungen in sich, aber da sie bei ihnen unerwünscht waren, hat man sie gezielt weggezüchtet. Zu den Ponyrassen zählen eigentlich nur die Islandpferde, aber auch die Paso Finos und Paso Peruanos bleiben häufig im Ponymaß.

Tölt ist eine Gangart im Viertakt, wie ein schneller Schritt (siehe Seite 11). Im Tölt können manche Pferde sogar so schnell laufen wie andere im Galopp. Da beim Tölt immer nur ein Bein vorgesetzt wird – im Gegensatz zum Trab, wo immer zwei Beine gleichzeitig nach vorne schwingen – ist er für den Reiter besonders bequem zu sitzen. Im Tölt gibt es also keine Schwebephase, es sind immer ein oder zwei Beine abwechselnd am Boden. Die Fußfolge ist eigentlich die gleiche wie im Schritt.

Pass, besser gesagt Rennpass, ist etwas ganz Besonderes: Auch bei den Gangpferden sind nur einige Pferde in der Lage, den richtigen Rennpass laufen. Er kann ebenfalls bis zum Galopptempo geritten werden und erfordert dann von einem Pony viel Kraft. Im Pass setzt das Pferd die äußeren Beinpaare immer gleichzeitig auf: also gleichzeitig vorne rechts und hinten rechts, dann vorne links und hinten links und so weiter. Solch ein Rennpass wird nur über wenige hundert Meter geritten, da er sonst zu anstrengend für das Pferd wäre. Es muss sich fortwährend mit dem gesamten Körper strecken und kann so bis zu 45 km/h schnell werden. Ein langsamer Pass, der das Pony kamelartig schreiten lässt, ist dagegen nicht erwünscht und wird selbst bei den Gangpferden nicht gern gesehen.

Es ist übrigens durchaus nicht immer ganz einfach, die Gangarten der Gangpferde sauber zu reiten. Es gibt eine Menge Pferde, die sich etwas schwerer damit tun, einen taktklaren Tölt oder Pass zu gehen. So existiert leider auch keine klare „Tölthilfe“, die vergleichbar mit einer fest definierten Galopphilfe bei allen Pferden funktioniert. Im Gegenteil: Man unterscheidet sogar unterschiedliche Ausprägungen bei den einzelnen Gängen – wie zum Beispiel die Verschiebung vom Tölt in den Pass oder die Gangverschiebung in Richtung Trab. Solche „Trabtölter“ werden dann anders geritten als die „Passtölter“.

Die bei uns in Deutschland häufigsten Gangpferde sind die Isländer (siehe Seite 19). Sie wurden seit den 80er Jahren des vergangenen Jahrhunderts nach Deutschland importiert und begründeten eine ganz neue Reiterszene, die sich bewusst von den Dressur- und Springreitern abgrenzt. Man begann auch, sich für die artgerechte Pferdehaltung einzusetzen. Die Freizeitreiter waren nicht nur von den zusätzlichen Gangarten ihres Ponys begeistert, sondern auch wie robust und gleichzeitig gangfreudig ihre liebevoll „Isis“ genannten Pferde waren. Islandpferde haben zwar „nur“ Ponygröße, sind jedoch durchaus temperamentvoll. Sie gelten als lauffreudig, aber auch recht einfach im Umgang.

Die Reiter, denen die großen Warmblüter im Umgang zu kompliziert erschienen, waren gerade zu Beginn dieser Entwicklung von der Freundlichkeit ihrer Isländer fasziniert. Inzwischen gibt es sicherlich genauso viele schwierige Islandpferde wie schwierige Warmblüter, denn mit dem Aufblühen einer eigenständigen Turnierszene begann man damit, nicht nur sanftmütige Freizeitpferde zu importieren, sondern auch temperamentvolle Turniersportler – und diese sind nun einmal bei jeder Rasse nur etwas für Profis.

## Barockreiten

Das Barockreiten ist die Reitweise der klassischen Dressur. Hierfür sind Andalusier, Lipizzaner, aber auch Lusitanos und Friesen besonders gut geeignet – unter dem Ponyrassen sind es die Camargue-Pferde, die hier ihr Talent zeigen.

Die klassisch-barocke Reitweise folgt der Tradition der alten Rittmeister wie zum Beispiel R. F. de la Guerinière, der übrigens auch als Gründer der heutigen FN-Reitlehre angesehen wird (siehe Seite 74). Die FN-Reitlehre und damit das sogenannte Englischreiten ist nicht so weit von der Barocken Reitweise entfernt. Sie ist eher eine Art Weiterentwicklung unter anderen Gesichtspunkten und mit anderen Schwerpunkten. So bemühen sich die Barockreiter vor allem um Lektionen der Hohen Schule, die auch beim Englischreiten als Perfektion des Reitens angesehen wird.

Camarque Pferde können ideale Barockpferde sein. Sie besitzen körperliche Schönheit und viel Intelligenz.

Die Grundlage der Barockreiterei ist die Arbeit an der Hand und vom Boden, ganz so wie es auch die alten Rittmeister lehrten. Die Hohe Schule über der Erde, die Schulsprünge, bei denen das Pferd steigt und an der Hand hohe Luftsprünge macht, ist die Krönung dieser Arbeit. Hier unterscheidet sich die barocke Reitweise deutlich von den Englischreitern, die ihre Pferde nur unter den Reitern vorstellen und die Arbeit vom Boden, abgesehen vom Longieren, in der Regel nicht trainieren.

Die Pferderassen, die besonders gut für die Barockreiterei in höchster Versammlung geeignet sind, sind alle mehr oder weniger von den spanischen Andalusiern geprägt: Lippizanern, Kladrubern, Frederiksborgern und Friesen sieht man den Einfluss der Spanier meist deutlich an. Im Mittelalter waren Andalusier, korrekt bezeichnet heißen sie übrigens Pura Raza Española, an den europäischen Fürstenhöfen sehr begehrt. Denn problemlos trugen die kompakten und kräftigen Spanier einen Mann mit schwerer Kriegsrüstung. Ihr attraktives Äußeres machte sie zudem zu beliebten Show- und Paradepferden – eine Faszination, die bis heute von allen Barockpferden ausgeht.

## Distanzreiten und -fahren

Wer wirklich lange Strecken in kurzer Zeit zurücklegt, ist ein Distanzreiter. Geritten werden Strecken bis zu 100 Meilen, das sind etwa 160 Kilometer. Auch wenn die Distanzreiter in der Regel die vorgegebene Strecke möglichst schnell hinter sich bringen wollen, ist Tempo hierbei nicht alles: Unterwegs wird immer wieder der Puls des Pferdes kontrolliert und auf längeren Strecken zudem auch der Zustand des Pferdes durch einen Tierarzt untersucht.

Distanzreiter sind die Langstreckenspezialisten unter den Reitern, die an sich allen anderen Reitweisen entstammen und mit den unterschiedlichsten Pferden an den Start gehen können. Am häufigsten sind aber sicher – zumindest auf den längeren Strecken – die Vollblutaraber. Ihnen liegt die Ausdauer einfach im Blut und mit ihrer flachen und weiten Galoppade haben sie es sicher auf langen Strecken etwas leichter als Pferde mit eher hochweiten Bewegungen. Das heißt aber absolut nicht, dass nicht auch Kleinpferde hier erfolgreich sein können. Ponys aller möglichen Rassen und auch Rassekreuzungen sind im Distanzsport mit dabei: Vom Haflinger bis zum Shetland-Pony in der Distanz vor dem Sulky. Gefahrene Rennen werden wie die Distanzritte als Wettbewerbe ausgeschrieben und veranstaltet, meist gleichzeitig mit den Ritten. Gesundheit, Gangfreunde und ein gutes Managment entscheiden über die Teilnahme am Distanzsport, nicht die Rasse!

**Hinweis**

Je besser ein Distanzpferd „gymnastiziert“ und damit vorbereitet ist, desto leichter kann es die Strapazen der langen Strecken verkraften.

Auch wenn meist der Schnellste gewinnt: Ein Distanzrennen muss immer „mit Verstand“ zurückgelegt werden, um das Pferd nicht zu überfordern. Denn auf der Strecke wird das Pony immer wieder von Tierärzten kontrolliert. Der Schnellste hat immer erst dann gewonnen, wenn er sein Pferd erfolgreich – also gesund, ohne zu lahmen und ohne Erschöpfungsprobleme – durch eine Nachuntersuchung gebracht hat.

Distanzritte gibt es seit 1969 in Deutschland. Der erste, der im niedersächsischen Ankum stattfand, war 50 Kilometer lang. 1973 gab es den ersten Ritt über 100 Kilometer und 1974 über 160 Kilometer, also 100 Meilen.

Auf langen Ritten sieht man Haflinger meistens im Trab.

Heute sind folgende Streckenlängen vorgegeben: Einführungswettbewerbe 25 bis 39, kurze Distanzen 40 bis 59, mittlere Distanzen 60 bis 79 und lange Distanzen 8 bis 160 Kilometer. Für solch eine lange Strecke muss ein Pony natürlich ganz besonders trainiert werden. Dazu gehört die abwechslungsreiche Arbeit im Gelände ebenso wie das Dressur- und Springreiten.

## Fahren

Wer mit seinem Pony fahren will, egal ob zum reinen Freizeitvergnügen oder um auf Turnieren aktiv zu werden, sollte sich einen geeigneten Fahrlehrer suchen. Das Risiko, mit Pferd und Wagen zu verunglücken, ist sonst recht hoch: dadurch dass Pferd und Wagen mit einander verbunden sind, geht im Falle eines Falles meistens nicht alles so glimpflich ab, wie wenn man eben mal vom Pferd rutscht ...

Fahrkurse werden von allen Landesreit- und Fahrschulen und zahlreichen örtlichen Fahrlehrern angeboten. Dort hat man die Möglichkeit, die Grundbegriffe des Fahrens zu erlernen, zu üben und beispielsweise die Fahrabzeichen der FN zu erwerben. Diese sind Voraussetzung für die Teilnahme an Fahrturnieren. Manche Haftpflichtversicherungen verlangen eine solche Prüfungen, um ein Pony, das gefahren wird, auch gegen die damit verbundenen Risiken zu versichern.

Die meisten Ponys eigenen sich hervorragend zum Fahren vor dem Wagen oder auch Schlitten im Winter und vor allem Haflinger und Welsh Cobs sieht man oft auf Fahrprüfungen. In Deutschland wird in der Regel nach Benno von Achenbach gefahren. Er lebte von 1861 bis 1936 und war der Begründer der deutschen Kutschfahrkunst. Zu der von ihm begründeten Fahrweise gehören die richtige Achenbachleine, Peitsche und die feste Bracke. Das Ein- und Zweispännigfahren ist die Grundlage für das Vier- und Mehrspännig fahren. Die von Achenbach verbreitete Fahrlehre ging in Deutschland in die Turnierordnung ein und ist die am meisten gelehrte Fahrweise in Europa. Prüfungen werden von der FN ausgerichtet und gewertet. Hierbei unterscheidet man die im Folgenden beschriebenen Disziplinen.

## Dressurfahren

Bei Dressurfahren wird – wie beim Dressurreiten – eine vorgebene Aufgabe in einem Viereck gefahren. Sie besteht aus bestimmten Hufschlagfiguren, traditionell festgelegten Figuren in der Reitbahn, und Unterschieden in den Gangarten. Diese Prüfungen sind oft die Voraussetzung für das Fahren weiterer Prüfungen in höheren Klassen.

## Marathon

Eine Marathonstrecke ist etwa 15 bis 18 Kilometer lang und wird in drei bis fünf Teilstrecken gefahren: In diesen Teilstrecken sind bestimmte Gangarten und Mindest-, beziehungsweise Höchstzeiten einzuhalten. Im letzten Streckenabschnitt befinden sich fünf bis acht Hindernisse, die möglichst schnell zu durchfahren sind. Häufig kommen auch Geländehindernisse wie etwa Wasserdurchfahrten vor. In einem Hindernisparcours darf galoppiert werden. Gefahren wird in Sportkleidung – also nicht in Turnierausstattung – und meist mit einem Marathonwagen. Der Beifahrer stabilisiert in schnellen Kurven die Kutsche durch Gewichtsverlagerung und sagt dem Fahrer die Linienführung beziehungsweise den Weg durch die Hindernisse an.

Connemara-Vierspänner im Parcours. Hier fahren nur Könner!

## Hindernisfahren

Das Hindernisfahren wird auch Kegelfahren genannt, da in dieser Prüfung Kegel oder Pylonen umfahren werden: auf einem Parcours sind je nach Schwierigkeitsgrad der Prüfung bis zu 20 Kegelpaare aufgestellt, deren Abstand etwa 20 bis 50 Zentimeter breiter ist als die Wagenspur. Die Strecke, auf der die Kegelpaare möglichst schnell durchfahren werden müssen, wird vorgegeben. Dabei darf kein Kegel umgeworfen werden, beziehungsweise keiner der Bälle, die auf den Kegeln liegen, abgeworfen werden.

Gerichtet wird nach zwei verschiedenen Verfahren. Beim ersten wird zuerst nach Fehlern und erst danach nach Zeit gewertet, es siegt also das Gespann mit den wenigsten Strafpunkten. Jeder Fehler wird hier mit fünf Strafpunkten angerechnet. Beim zweiten Richtverfahren siegt der Schnellste, pro Fehler werden fünf Strafsekunden zur Zeit dazugezählt.

## Geländefahren

Beim Geländefahren müssen natürliche und künstliche Geländehindernisse, wie Brücken, kleine Bachläufe enge und kurvenreiche Wege überwunden werden. Gewertet wird nach Zeit, vorgegebenen Tempi für bestimmte Streckenabschnitte also, und nach Fehlern.

# Serviceseiten

## Literatur


Bartz, Jürgen: Kräuterapotheke für Pferde. Kosmos Verlag, 2006.

Bender, Ingolf: Praxishandbuch Pferdefütterung. Situations- und leistungsgerecht füttern. Individuelle Rationen zusammenstellen. Kondition nachhaltig verbessern. Kosmos Verlag, 2005.

Bender, Ingolf: Praxishandbuch Pferdehaltung. Optimal planen und praxisgerecht umsetzen: Ställe und Ausläufe, Reitplätze und Weiden, Resthöfe aus- und umbauen. Kosmos Verlag, 2004.

Berger, Margot: Pferde füttern. Gesund und fit, optimal versorgt. Kosmos Verlag, 2001.

Bruhns, Erika:Handbuch Offenstall. Artgerechte Pferdehaltung im Offenstall und Herdenverband verhaltenspsychologisch untermauert. Cadmos, 2000.

Damsen, Birgit van; Schmidt, Romo: Zäune und mobile Unterstände. Müller Rüschlikon, 1997.

Dtsch. Reiterl. Vereinigung: Richtlinien für Reiten und Fahren. Bd.4 Haltung, Fütterung, Gesundheit und Zucht. FN-Verlag, 2003.

Dtsch. Reiterl. Vereinigung: Richtlinien für Reiten und Fahren. Bd.1 Grundausbildung für Reiter und Pferd. FN-Verlag, 2005.

Dtsch. Reiterl. Vereinigung: Richtlinien für Reiten und Fahren. Bd. 2 Ausbildung für Fortgeschrittene. FN-Verlag, 1997.

Dtsch. Reiterl. Vereinigung: Richtlinien für Reiten und Fahren. Bd. 5 Fahren. FN-Verlag, 2005.

Eisele, Eva: Pferdestall gesucht. Verlag Eugen Ulmer, 2000.

Ende, Helmut: Erste Hilfe für das Pferd. Was ist zu tun bei Krankheiten, Unfällen und Verhaltensstörungen. Müller Rüschlikon, 1997.

Gerweck, Gerhart: Pferde homöopathisch behandeln. Sonntag, 2006.

Grone, Jutta von: Die Pferdeweide. Ökologie, Nutzung und Pflege, Kompostwirtschaft. Müller Rüschlikon, 2005.

Haller, Martin: Ponys & Kleinpferde. Rassen, Reitweisen, Kauf, Haltung. Müller Rüschlikon, 2001.

Hertsch, Bodo: Anatomie des Pferdes. Zum Verständnis des Körperbaues und der Lebensfunktionen. FN-Verlag, 2003.

Maschalani, George: Westernreiten Step by Step. Basistraining für Einsteiger, Umsteiger und deren Reitlehrer. FN-Verlag.

Meyer, Helmut; Coenen, Manfred: Pferdefütterung. Parey bei MVS, 2002.

Putz, Michael: Reiten mit Verstand und Gefühl. Praxisbezogene Ausbildung für Reiter und Pferd. FN-Verlag, 2004.

Rüsbüldt, Anke: Sommerekzem. Vorbeugen, Erkennen, Behandeln. Cadmos, 2007.

Schacht, Christian: Pferdekrankheiten. Vorbeugen, erkennen und richtig handeln. Kosmos Verlag, 2005.

Schmidt, Romo; Häusler-Naumburger, Ulrike; Dübbert, Thomas: Hufrehe. Vermeidung, Früherkennung, Heilung. Müller Rüschlikon, 2006.

Schulz, Barbara: Wenn Pferde Langeweile haben. Kosmos Verlag, 2003.

Schwörer-Haag, Anke: Das Islandpferd. Geschichte, Haltung, Reiten. Kosmos Verlag, 2007.

Wittek, Cornelia: Von Apfelessig bis Teebaumöl. Kosmos Verlag, 2005.

**Bibliografische Information der Deutschen Nationalbibliothek**
Die Deutsche Nationalbibliothek verzeichnet diese Publikation in der Deutschen Nationalbibliografie; detaillierte bibliografische Daten sind im Internet über http://dnb.d-nb.de abrufbar.


Wollgrasweg 41, 70599 Stuttgart (Hohenheim)
E-Mail: info@ulmer.de
Internet: www.ulmer.de
Lektorat: Dr. Eva-Maria Götz
Herstellung: Silke Reuter
Umschlagentwurf: Atelier Reichert, Stuttgart
Druck und Bindung: Firmengruppe APPL, aprinta Druck, Wemding
Printed in Germany

**ISBN 978-3-8001-5342-8**